BIAD 优秀方案设计 2015

北京市建筑设计研究院有限公司 主编

中国建筑工业出版社

序

为鼓励建筑创作、提升企业核心竞争力、打造“BIAD 设计”品牌，北京市建筑设计研究院有限公司（BIAD）“创作中心”与“科技质量中心”依据 BIAD《优秀方案评选管理办法》的要求，共同组织进行了 2015 年度 BIAD 优秀方案的评选工作，并就设计院、所、工作室的参评项目开展了方案创作交流会。参加评选的项目多为 2014 年 7 月 ~ 2015 年 6 月期间完成的原创方案设计项目；其范围包括方案投标阶段项目和工程设计阶段的方案项目；涵盖公共建筑、居住建筑及居住区规划、城市规划与城市设计、景观设计、室内设计及灯光设计等专项类型。

获奖作品从 200 个申报方案中产生，来自公司内外 10 位专家组成的“评审委员”会经过认真客观公正的投票评选，最终选出“一等奖”21 项、“二等奖”28 项、“三等奖”47 项。从总体上看，本届申报方案表现了较高的整体水平，即使未入围获奖的项目也表现出一定的水平和特色；但限于篇幅，本书收入的作品仅为获 BIAD 优秀方案“一等奖”和“二等奖”的项目。这些项目大部分已在实施中，一些虽未能实施但方案中许多亮点有很强的专业价值，可供专业人士分享和借鉴。

通过每年一度的“BIAD 优秀方案设计”评选，可以看到“BIAD 人”所具有的专业力量以及对国家城市建设所做出的贡献。近年来在我院全体建筑师的不懈努力之下，BIAD 方案原创能力不断地提升，BIAD 在设计方法、理论研究与职业责任方面的探索也取得很大收获。大部分优秀方案，在传统、地域、文化、美学、社会、经济、功能、技术等多元综合性上取得良好的平衡或在某些方面特色突出，在结构、绿色、设备等方面体现了技术先进、适宜，符合可持续发展的原则。

国家当前正经历“减量提质”的经济转型与变革之际，BIAD 也将面临同样的考验。我们需要不断提升 BIAD 的设计原创水平与科技创新能力，在先进理念的引领下，将心智创造和先进技术转化为价值才能赢得市场。在展示 BIAD 过去一年方案创作方面取得成绩的同时，我们还不敢有丝毫的自满。相对于更高的行业标准，优秀方案中真正称得上“力作”的作品数量还是有待提升；从总体水平看，大部分方案在场所环境应对、建筑体系创新、设计成果表现方面尚有提高的空间。

我们希望通过《BIAD 优秀方案设计 2015》作品集的出版，让更多的设计同行以及行业内人士有机会了解 BIAD 优秀方案所取得的经验和方法，借此推动 BIAD 建筑创作的发展进步，期待 BIAD 在新的一年里创作出更多的优秀作品贡献给社会。

最后，对所有为本次评选活动及出版发行做出贡献的同仁表示衷心的感谢。

BIAD 执行总建筑师　**邵韦平**

目录

大连新机场航站楼建筑方案及航站区规划

一等奖 • 公共建筑／重要项目
• 中方主体外方顾问／中选投标方案

项目地点 • 辽宁省大连市金州湾
顾问机构 • 奥雅纳工程顾问有限公司
方案完成／交付时间 • 2014.11.08

设计特点

大连新机场选址在辽东半岛西侧的金州湾内，是国内首个离岸填海的大型机场项目，以满足本期 3800 万人次、远期 5500 万人次的年旅客流量为目标。本期总建筑面积 50 万 m^2。

新机场建筑规划协同已实施的填海分区，分期灵活，空侧高效，陆侧集中；中心区功能突出，向外梯级放射，国内—国际运行、转换、扩展灵活。交通系统完善，车道边长度充足，本、远期各自成环，互不干扰；轨道—道路—停车集中、分层布置，后勤道路独立；受自然分形形态启发，形成创新的两级放射构型，具有停机高效、站坪开阔、航站楼功能集约紧凑、旅客步行距离短、流向清晰的特点。建筑造型由构型自然衍生，主楼形象突出，屋面桁架支撑结构形成建筑立面韵律，以海浪和飞翔的建筑意象，契合大连海上机场建筑主题。岛内区域热电联产，自适应海水源热泵、废弃物处理、环境影响控制系统；控制建筑面积，减少地下工程量，结构选型经济合理，有效控制造价。

设计评述

该方案在大型集中式航站楼总体构型设计上具有创新性——通过三叉分形的指廊组合，在近机位停靠边长度、站坪区划和滑行空间、楼内客流组织和步行距离控制、航站楼功能区划和商业布局等方面达成了良好的平衡关系。航站楼内国内—国际分区合理、相互转换使用灵活，四条较短的国内端部指廊采用了进出港混流设计，简化了航站楼的楼层组合，形成了逐层退台的空间特点，并与建筑整体造型的高低变化配合良好。建筑外部造型和室内空间设计简洁流畅，在建筑外墙采用了 12m 间距的屋面桁架支撑结构，形成了韵律化的立面肌理。

设计总负责人 • 王晓群　李树栋　王亦知

主要设计人 • 陈静雅　门小牛　王鑫宇　张　崴　石宇立　张思明

01

02

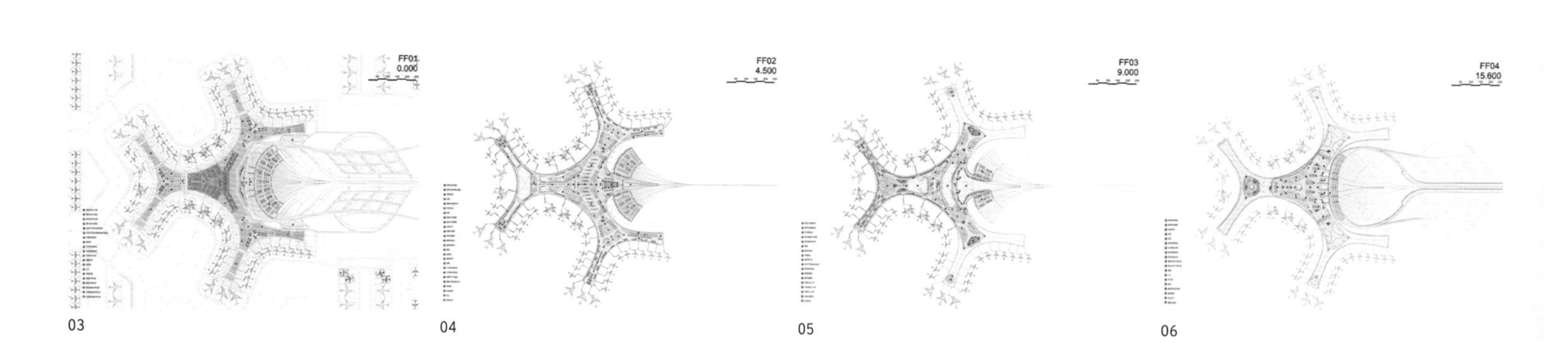

03　04　05　06

对页 01 总平面图
02 剖透视效果
03 首层平面图
04 二层平面图
05 三层平面图
06 四层平面图

本页 07 构型生成
08 鸟瞰效果
09 值机厅效果

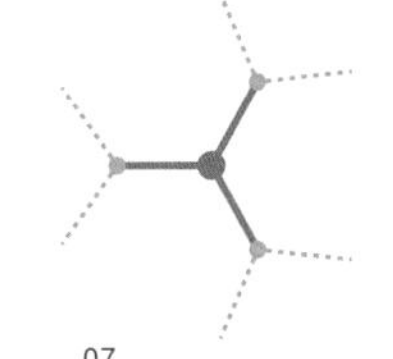

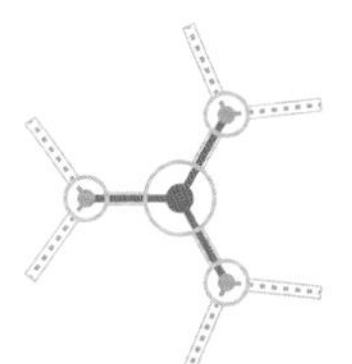

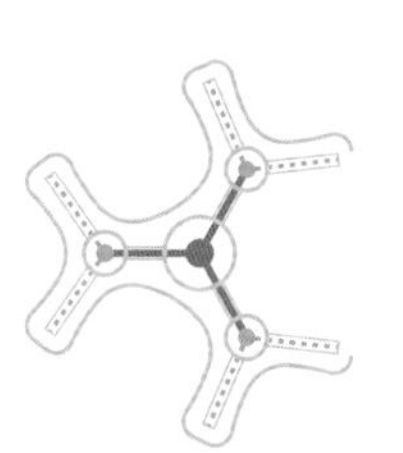

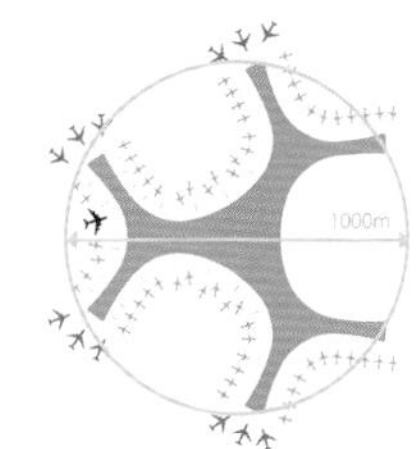

07

08

09

北京妫河建筑创意区国际培训中心

一等奖 • 公共建筑／重要项目
• 独立设计／非投标方案

项目地点 • 北京市延庆区延庆镇西屯村西南地块
方案完成／交付时间 • 2015.02.20

设计特点

本培训中心位于北京北部的延庆区妫河流域。该地区三面环山、一面环水，两岸植被丰茂，环境清幽，风光轻灵。培训中心处山水之间，周围有大量的农田，以“大地景观”、“归隐山居”、“树屋居所”为构思理念，希望营造出自然生长的建筑，与环境共生，与景观交融。这里强调空间和个体的交往与互动，室内空间和室外景观的联系和渗透，以体现培训中心发展的多种可能性。下沉庭院的设计灵感来自山谷，建筑的公共功能及空间在首层和地下一层形成建筑体型的基座。客房层似树屋“漂浮”在空中，以优美的轮廓及边界给建筑立面赋予活力与魅力。

设计评述

该设计位于妫河创意园区内，场地北侧可以看到起伏的山脉。开放的下沉式庭院、丰富的首层公共空间、架空的“树屋”式客房，为人们提供了与环境多层次互动的可能。灵动、飘逸的建筑形体，充分地与场地自然环境相契合。建筑内部设计也给人们的交流提供了丰富的灵活空间。通透玻璃与木质立面的结合，解决了客房内部私密性和公共区开放性的不同要求。

设计总负责人 • 朱小地　金国红　陈　莹
主 要 设 计 人 • 王思莹　侯　婕

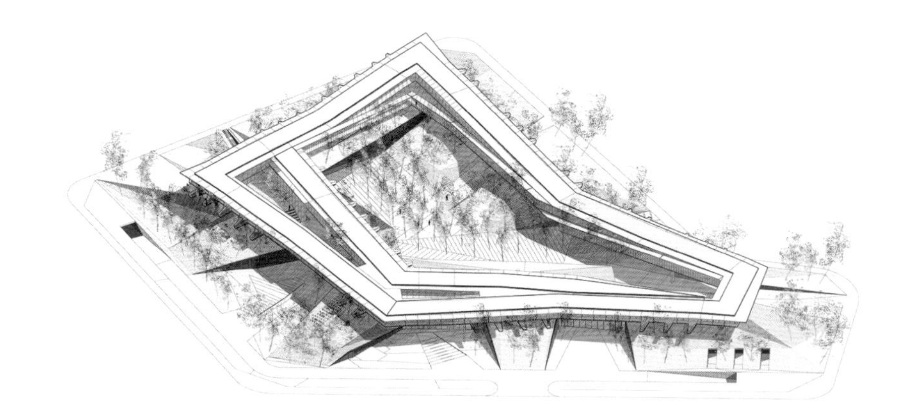

01

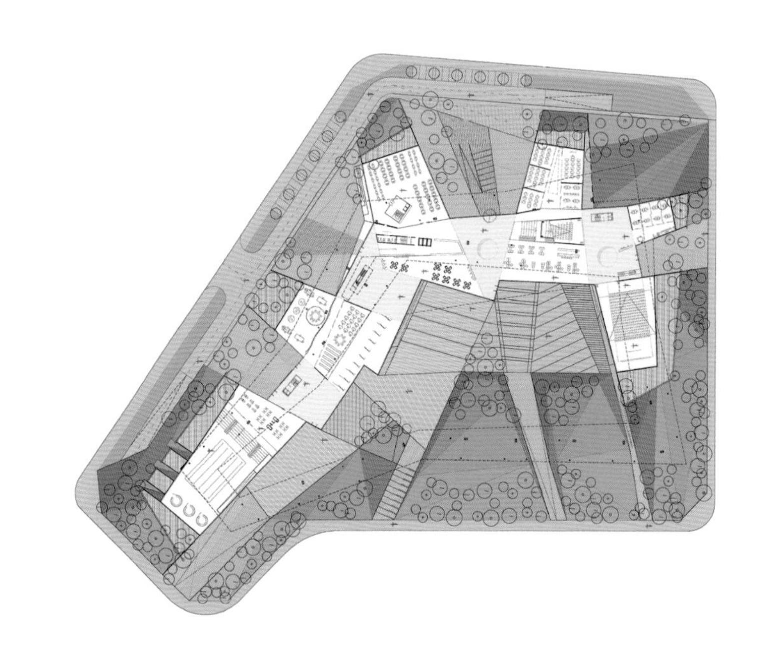

02

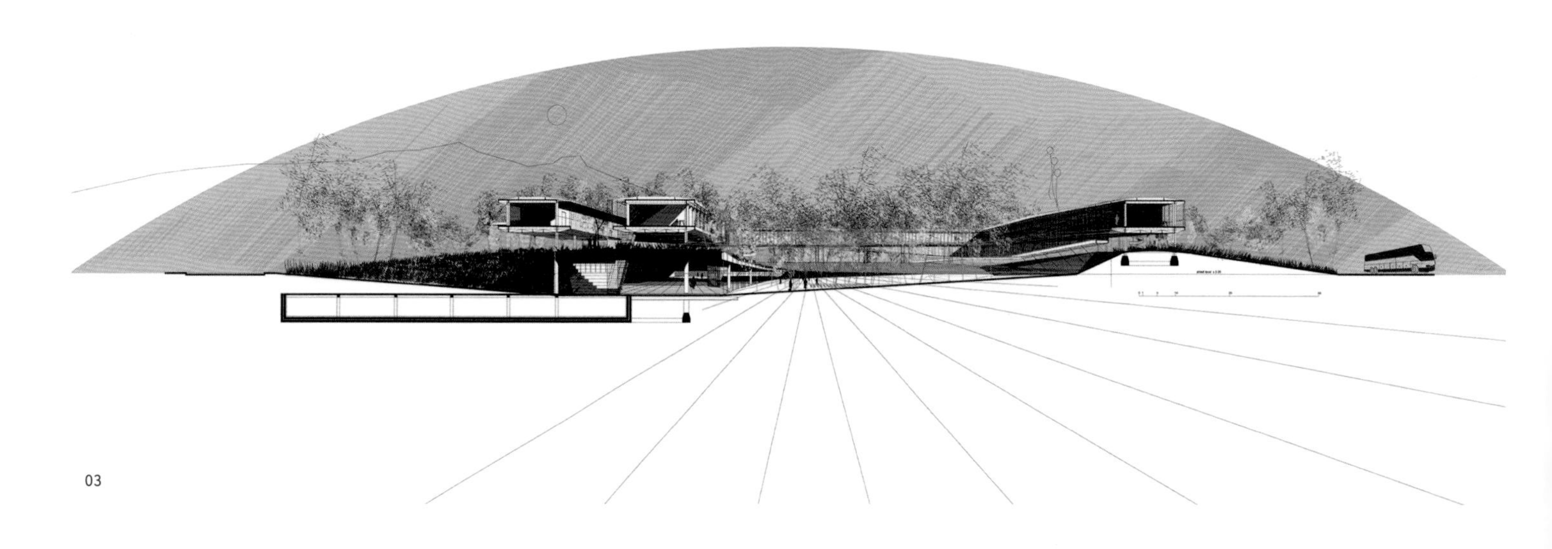

03

对页 01 鸟瞰效果
02 首层平面图
03 剖透视效果

本页 04-07 人视效果
08-09 室内效果

04

05

06

07

08

09

山东威海社会福利中心

一等奖 • 公共建筑／一般项目
• 独立设计／非投标方案

项目地点 • 山东省威海市
方案完成／交付时间 • 2015.01.16

设计特点

本福利中心位于山东省威海市，地处中国海岸线的最东端、山东半岛最东端，北东南三面濒临黄海。用地规整，场地内存在西南高、东北低的高差。北侧及东侧均为城市道路，交通方便、环境宜居。

福利中心依据西高东低的自然地形，并根据西侧僻静地高、东侧开阔临街的特点，分为东西两区——西侧为高端区，东侧为低端区。设计合理利用高差，采用错层台式布局，使得土方平衡，将高端组团置于绿色环境之中。接待中心及对外酒店依据自然高差设于交通便利的下沉广场处，与周边城市道路平坡相连，巧妙依据地势将不同功能建筑空间隔离，动静分区。

设计评述

该项目合理利用区域自然环境及原有地势地貌，合理分区。小组团的空间组合形式，营造更加适合老年人生活的居住环境。建筑形式错落有致，空间组织丰富，高端及中低端养老人群均有宜人的休闲养生环境。一层住户可直接步入室外花园，二层住户有视野开阔的带状阳台，三层住户有专属屋顶花园。动静分区，人车分流，景观利用原地形内的高差，结合建筑空间形成层次丰富、高低有致的室外环境。

方案指导人 • 南在国
主要设计人 • 张兰　蔡长欣　姜藤　房颖　沈鸿翔

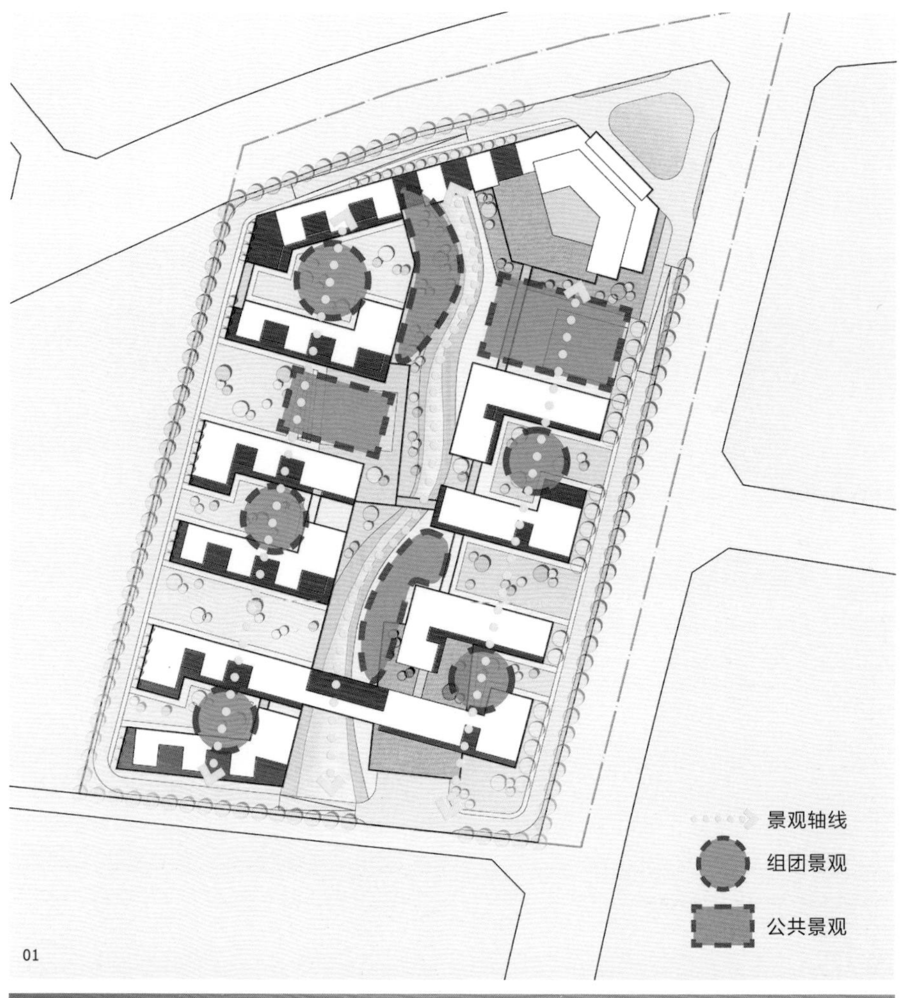

01

02

对页 01 景观轴线分析
02 鸟瞰效果

本页 03 绿色走廊效果
04 入口人视效果

国瑞·西安金融中心

一等奖 • 公共建筑／一般项目
• 独立设计／中选投标方案

项目地点 • 陕西省西安市高新区创业新大陆北侧
方案完成／交付时间 • 2014.07.10

设计特点

本金融中心位于西安市高新区创业新大陆北侧，北侧紧邻城市主干道锦业路，东西侧紧邻规划路，南侧临市政规划创业新大陆绿化广场，地理环境优越，交通便利，屋顶设直升机坪，建成后将是西安市最高的建筑物。

建筑外形典雅端庄，充分体现建筑自身形体的朴素之美，摒弃过多的装饰与不必要的体态动势；立面设计采取经典比例构成原则，推敲细腻的线域构成逻辑，仅在顶部特异化处理；利用观光层LED巨屏的城市灯塔效果，打造“城市之光”的形象，成为西安市新地标。金融中心七十一至七十四层为空中室外观景平台。观光平台直接面向市民开放，亦可举办各种市民活动及展览，可在城市制高点鸟瞰长安胜景，独享西安上空360度全景视野，体验西安城市魅力。

设计评述

本项目为大型超高层建筑，除注重建筑效果、成为城市新地标的要求外，需要协调处理诸多技术及指标问题，如总平面各向主入口需结合人行广场设置；首层塔楼穿梭梯位置于东西侧，使核心筒尺寸方正；地下室机房区域尽量使用核心筒内部冗余空间；观光层室内观光厅须高于室外观光区，并做高差处理；顶部餐饮、会所层须标定人数，不能超出现有楼梯疏散宽度；屋顶层需考虑擦窗机轨道设置；剖面核实避难层间距，第一个避难层距地面高度不超过50m。

顾问总建筑师 • 柴裴义
设计总负责人 • 米俊仁
主要设计人 • 李大鹏　王瑞鹏　宫新　李玎

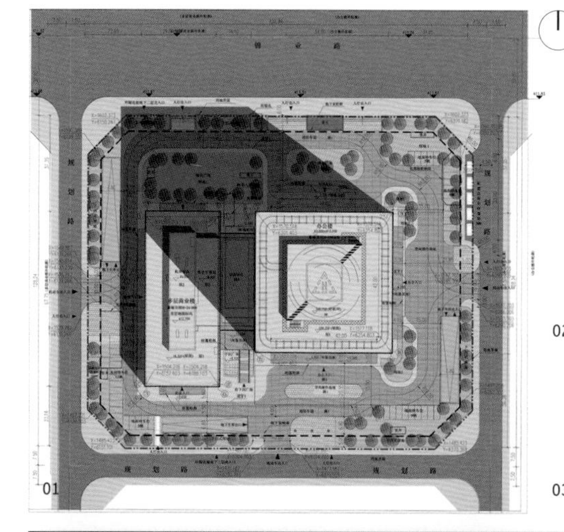

01

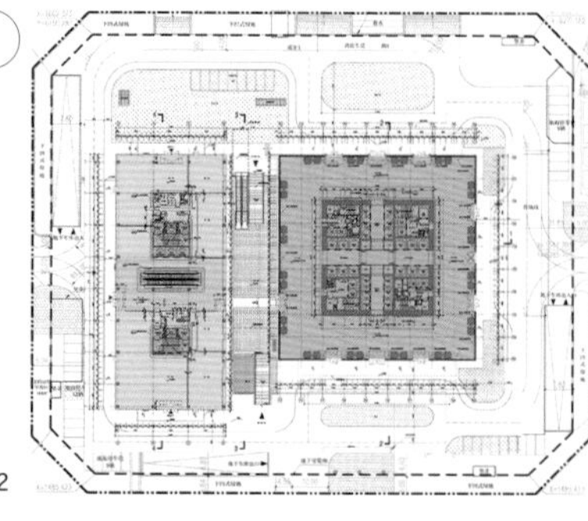
02

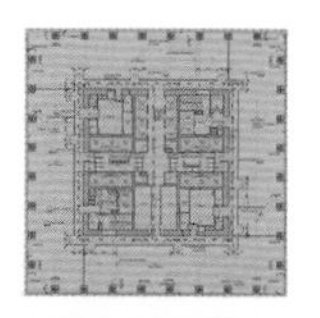
03

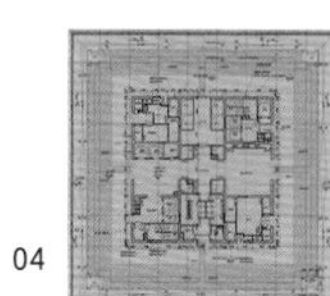
04

05

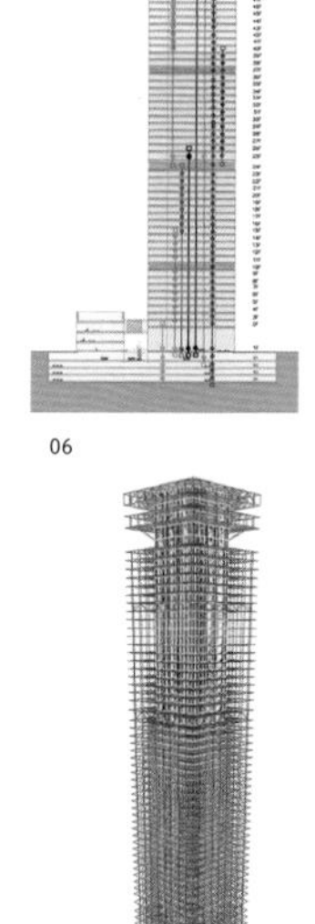
06
07

08

对页 01 总平面图
02 首层平面图
03 标准层平面图
04 观光层平面图
05 夜景鸟瞰
06 剖面电梯示意图
07 塔楼结构示意图
08 入口人视效果

本页 09 观光层夜景效果
10–13 观光层剖面分析示意图
14 观光层室内效果
15 立面效果

09

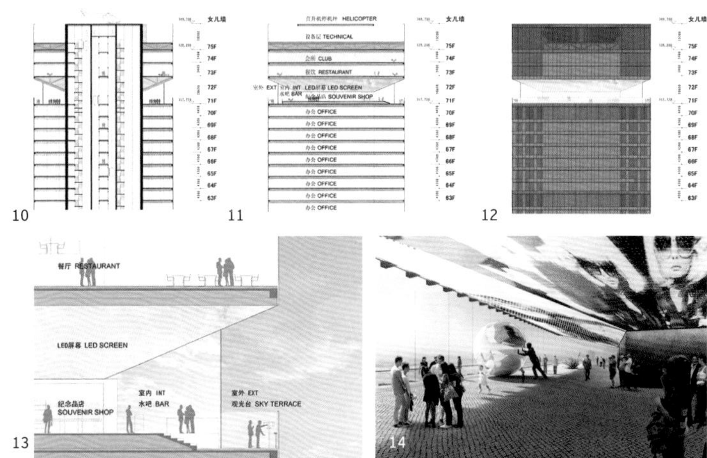

10 11 12 13 14

15

2019 年中国北京世界园艺博览会园区概念性规划设计方案

一等奖 • 城市规划与城市设计／重要项目
• 合作设计／中选投标方案

项目地点 • 北京市延庆区
合作设计 • BIAD 景观建筑规划工作室
方案完成／交付时间 • 2014.08.29

设计特点

2019 年北京世界园艺博览会园区设在北京市延庆区，紧邻举世闻名的八达岭长城。设计以简单围合的方形院子作为“世园会”园艺展示的空间母题，不仅为展示提供了边界清晰、大小多变、布置自由的空间形态，也是对中国文化艺术的一次彰显。大小不同的院子洒落在由水体、地形、植被等不同元素组成的自然基底上，以不同的密度形成聚水而居、形态各异的体现中国农耕文明的村落式肌理。规划精细地控制了坐落于可建设区域的院子占地规模，使其与开发地块规模相当，在会后方便转换性质，便于出让开发。

规划打破传统的组团式游览方式，以人行、电瓶车、自行车及在地下穿越地形和院子的漫步通道，通过四条线性的游览路线贯穿全园。这样，使得以速度、视线、感受不同的线性空间串联起园区的各主要展区和建筑，犹如古画长卷般徐徐展开。园区内公共空间的艺术处理是展会的又一亮点——不同区域结合形成层次丰富的总体种植效果，并根据季节呈现变幻多姿的景观形态；种植与公共空间、建筑、道路、水体相结合，在全园范围内形成了各具特色的景观节点，配合大型种植区域的景观底景，共同打造多层次的、令人陶醉的景观空间。

设计评述

概念性规划方案充分体现了“世园会”的“绿色生活、美丽家园”的办会主题，从规划层面提出诸多富有创意的设计思路。方案围绕“中国传统文化”、“生态涵养保护”、“世界园艺盛会”、“会后永续利用”四个主要方面，对场地进行全方位且具有前瞻性的设计。方案体现了对当地自然与人文环境的充分保护和尊重，满足“世园会”建设和办会期间的开发与运营要求，同时兼顾后续利用，有效提升园区及周边的可持续城市价值。

指导及设计人 • 朱小地

主要设计人 • 徐聪艺　张　果　张　耕　孙小龙　孙志敏　王丽霞　潘　宇　冯霁飞　郭　雪　白　璐　崔　宇　李　帅　王　彪　李晓旭

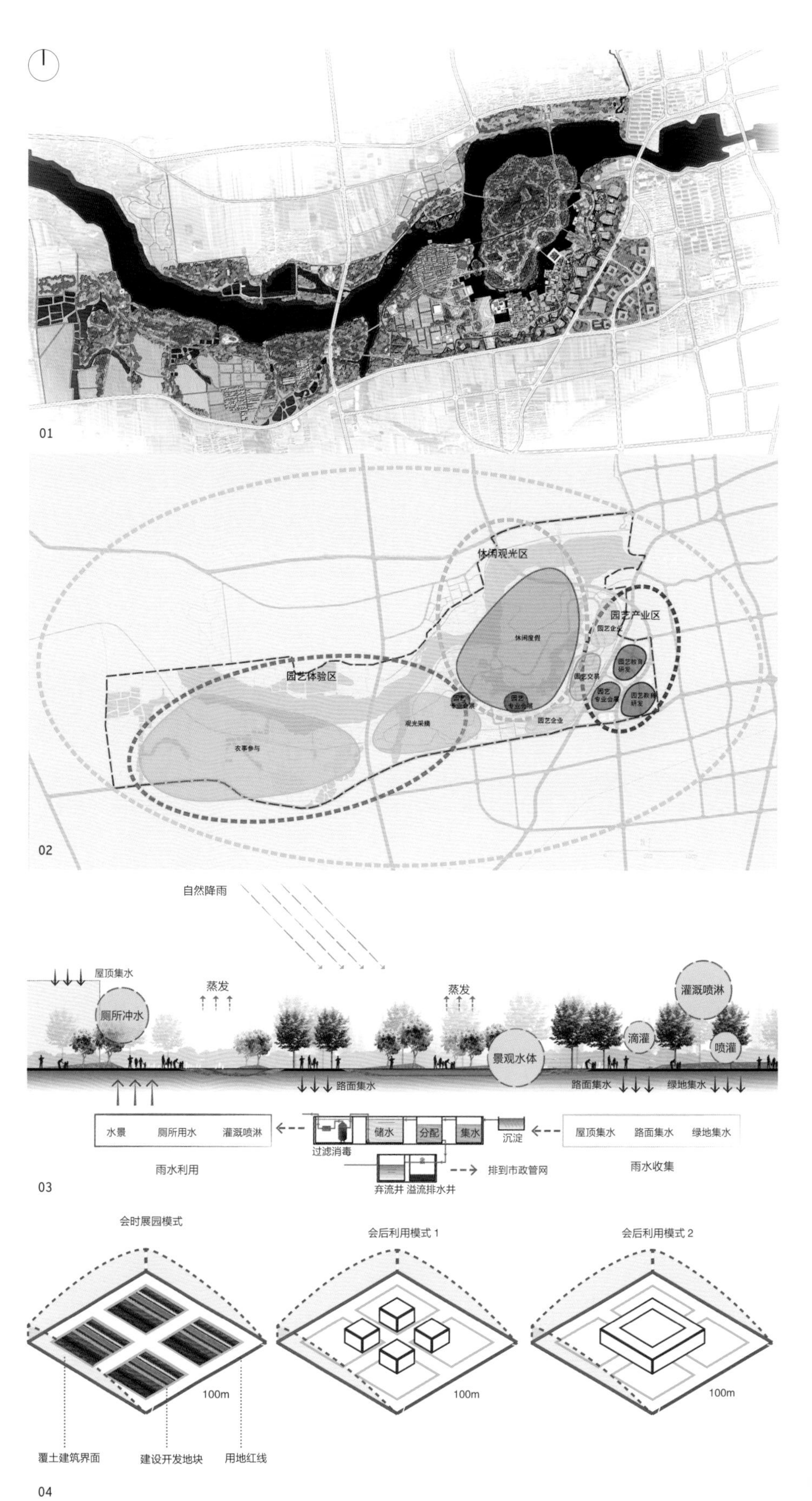

对页 01 会时总平面图
02 会后利用示意
03 生态涵养保护分析
04 会后永续利用分析

本页 05 鸟瞰效果
06 会后利用鸟瞰效果
07 中国馆效果
08 国际馆效果
09 自行车道效果

05

06

07

08

09

上苑项目外立面及庭院方案设计

一等奖 • 居住建筑及居住区规划／一般项目

• 独立设计／工程设计阶段方案

项目地点 • 北京市昌平区暴峪泉村湾

方案完成／交付时间 • 2015.03.03

设计特点

上苑项目位于北京市昌平区，背靠首相山，有运河、秦屯河环绕四周，占足山水优势；定位收藏家雅致、私密的新中式府邸。根据对目标人群的分析，提出“隐·逸”的营造理念；依托《周易》原理，从传统中式私家园林格局中汲取“半宅半园”的营造手法，形成“藏风聚气”的上好格局。从院落布局到行进流线，均遵循中国传统宅院的制式，设“前、中、内”的“三重院”及“左、中、右”之“三路”。宅园与建筑在“巧局”、“藏院”、“有秩”、“善微”的思路引导下，经营“虽由人作，宛自天开”的至善私家府邸。

在宅园营造方面，继承传统中式院落曲径通幽的精髓，整座府邸从北至南依次经过“前、中、内”三院抵达私宅，抵达南侧兼顾北方园林豪迈与南方园林婉约的私园，使宅藏而不露，成为宅中安逸之所在。在建筑营造方面，面向宅院与宅园的建筑立面分别采取了对称和非对称的设计形式，以对应主人对入口空间仪式感和休憩空间安逸性的不同需求；建筑细部刻画遵循古人“至善细作”的标准，从屋檐到挑台，各处细节都力争做到尽善尽美。

设计评述

对项目基地分析透彻，对业主需求解读到位，并将其在庭院及建筑的设计中对应地加以体现，如通过多重庭院的设计，将建筑隐匿在景观之中，应对了目标人群对于私密性的需求。方案充分利用了建设用地的复杂地势，顺势在低洼区域形成了下沉式的“私园”，既符合园林私密性的要求，同时也使地下一层得以直接面向室外，为错落的空间增加了趣味性。建筑立面设计雅致而尊贵，对应不同庭院对立面的形态进行了区别性设计；形体的变化和表皮的特色与景观性呼应，同时产生了丰富的建筑造型和室外空间。

主要设计人 • 陈　曦　李　栋　杨丹怡

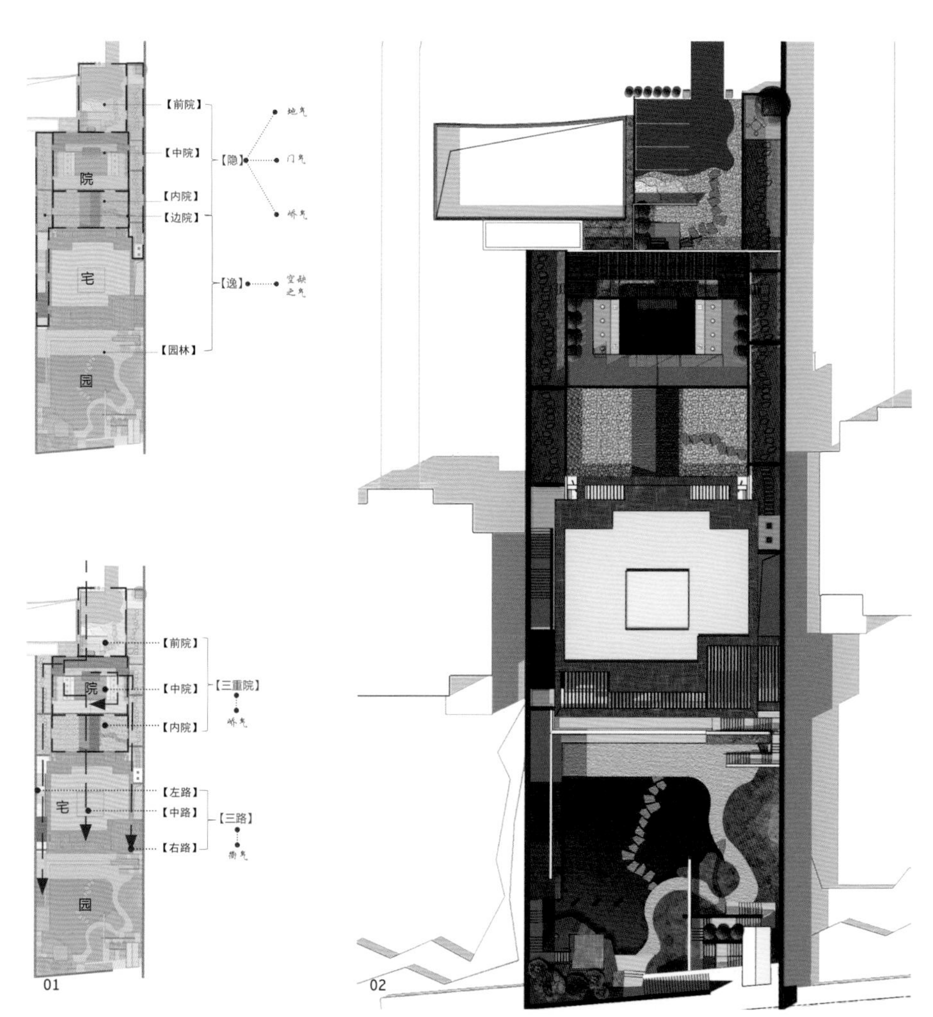

01

02

03

宅之五气

地气
环境氛围所体现的家庭内聚力或亲和力

门气
门是庭院的咽喉
有"气口"之喻

衢气
道路交通导向及道路对宅内产生影响交通便利，识别性强，避免外界不良干扰

空缺之气
宅内外环境因空间流通渗透而产生的影响效果

峤气
以高屋为屏障，围合适度，会产生场所的安定感，"回风返气"

04

05

06

07

08

烟台植物园景观温室

一等奖 • 公共建筑／重要项目
• 独立设计／非投标方案

项目地点 • 山东省烟台市莱山区
方案完成／交付时间 • 2014.11.08

设计特点

本项目位于烟台植物园内，选址在植物园东南一隅，周边微山起伏，树木葱郁。温室北侧是高差 28m 的山丘，从东侧山谷流过的清泉在温室前汇成一池碧水。

因功能的需要，建筑有着变化的因素（高度）和单一的因素（材质仅为钢及玻璃）。这使得建筑自身不得不成为空间的重要角色之一；然而这里真正的“主角”是四周的风景，所以设计需要做的只是“倾听自然的声音”，并用最简单的方式与之回应！屋面曲线与周围的地形特点相呼应，以此建立起自然与人工的“共鸣”；而曲线的形式趣味源于日常传统绘画技法的训练。

设计评述

方案体现了强烈的对“山水文化”意向表达，同时具备较强可实施性。方案坐落在山地上，其建筑内部也布置景观山水，处理好整个场地的高差是设计的一个亮点；另外，温室主要由钢结构和玻璃幕墙组成，对于这种材料简单的作品，处理好幕墙结构与主结构的关系也是设计的一个亮点。

方案指导人 • 徐聪艺　孙　勃　张　耕
主要设计人 • 李瀛洲　王立霞　安　聪　邹昕迪
黄　莹　李　帅

01

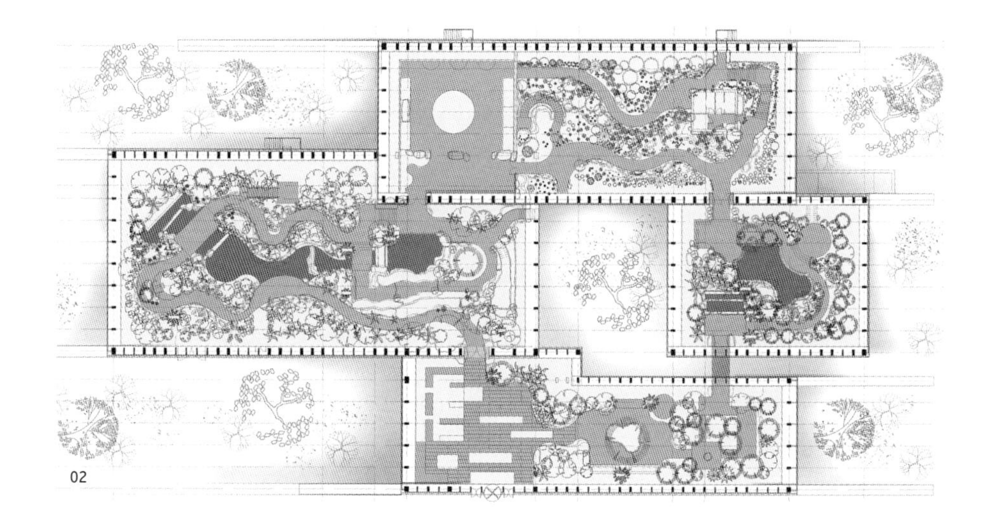
02

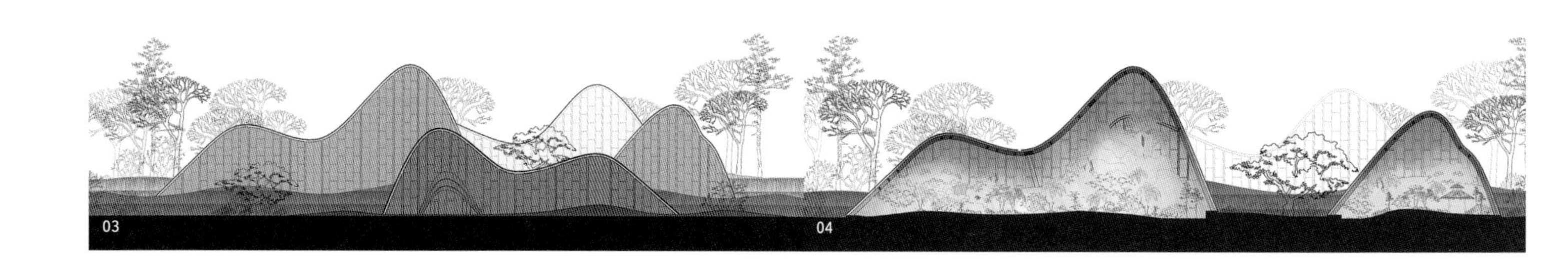
03　04

对页 01 总平面图
02 平面图
03 立面图
04 剖面图

本页 05-06 人视效果

05

06

未来科技城“城市客厅”体育中心项目概念性方案

一等奖 • 公共建筑 / 一般项目
• 独立设计 / 中选投标方案

项目地点 • 北京市昌平区未来科技城核心区内
方案完成 / 交付时间 • 2015.06.25

设计特点

项目地点位于北京市昌平区北七家镇，未来科技城核心区北区中心绿地内。项目定位为“体育活动主题的活力休闲空间”，满足园区内部对于体育活动的需求，并且在此基础上能够有多重可能性拓展。

设计目标是将“城市客厅——体育中心”打造成一个全天候开放的活力区域，为未来科技城注入新的魅力。因此采取以下措施：（1）减少建筑占地面积——虽然体育中心用地非常紧张，但是不论是在空间形态、环保策略，还是最终呈现出的城市形象上，友好优美的环境都是不可忽略的关键，因此尽量减少建筑占地面积，从而将建筑对环境造成的压力减到最小。（2）功能混合——“城市客厅”具有功能混合的特质，将体育健身与商业、儿童娱乐、教育、休闲、科技展示、养生、体检、观景等功能进行充分混合，提供多义的、功能模糊的公共空间，为形成充满活力的建筑提供必要的物质基础。

设计评述

首先，体育中心项目用地位于昌平未来科技城温榆河南侧的绿色走廊之内，在设计中要考虑如何将温榆河滨河景观资源最大化地与新建建筑相结合；把“环境”作为未来科技城“城市客厅”中“体育活动中心”的首要设计主题。

其次，传统的公共建筑，多是开放时段热闹而在夜晚或关闭后欠缺活力；尤其是如此大尺度的城市区域中，丧失活力的空间将更加缺乏吸引人的魅力，因此本项目把“活力”作为第二个设计主题。本设计采用了半下沉式体育建筑，做到与周边环境协调，并且功能丰富，较好地表达了上述两个设计意图。

主要设计人 • 胡　越　刘　全　杨剑雷　徐　洋

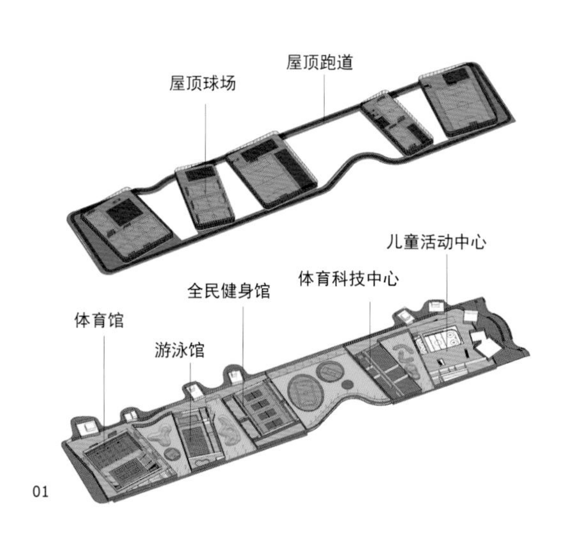

01

02

03

04

对页 01 功能分区
02 总平面
03 公园入口人视效果
04 屋顶跑道人视效果

本页 05 西侧整体鸟瞰效果
06 玻璃走廊内人视效果
07 游泳馆人视效果
08 南侧人视效果

05

06

07

08

丽江“又见古城”剧场

一等奖 • 公共建筑／重要项目

• 独立设计／非投标方案

项目地点 • 云南省丽江市大研古城东部

方案完成／交付时间 • 2015.01.30

设计特点

本剧场设计需要解决两个难点：第一，如何在满足常规戏剧演出需求的同时表达“又见古城”的空间意象；第二，如何在满足建造大体量剧场的建筑商业需求的同时协调“保护古城风貌”的要求。

故设计从寻找与古城相统一的城市肌理关系出发，尽可能减小建筑体量，使剧场在外部观感上形成如同古城街道似的小建筑的组合体，用几米至十几米的小体量分化建筑，并仿效古城建筑群的形象形成凸凹有致的建筑界面和起伏错落的屋檐；立面设计以民居建筑为原型，通过体型的错落叠加形成丰富的建筑立面语言，同周边的商业街区形成对话关系；建筑以白色为基调，结合木质材料和灰色的瓦屋面，淡雅而端庄。最后，剧院设计不仅地方特色浓郁、与环境协调，而且体现了含蓄的中国式审美情趣。

设计评述

该项目位于丽江古城保护区范围，需要处理好功能与需求、商业与保护的关系。剧场设计通过在沿街面拆散建筑体量的处理手法，消解了大体量剧场空间对古城造成的视觉干扰。连绵的屋面处理形式很好地呼应了场地远处的雪山意象。建筑内部处理实现了与戏剧演出需求的完美契合。立面设计运用古城原有的木材、瓦屋面、石材等材质元素，凸显了与环境的融合。

主　持　人 • 朱小地　陈　莹　金国红

设计总负责人 • 侯　婕

主要设计人 • 武世欣

01

02

03

04

对页 01 总平面图
02 平面图
03 东立面图
04 南立面图

本页 05-07 透视效果

05

06

07

北京四季谷创意产业园项目

一等奖 • 公共建筑、景观设计、室内设计／重要项目
• 独立设计／中选投标方案

项目地点 • 北京市朝阳区酒仙桥地区
方案完成／交付时间 • 2015.04.01

设计特点

本园区位于北京市朝阳区酒仙桥地区，景观大道从北至南贯穿园区并将主要空间串联起来，提供舒适、宜人的步行环境。西侧紧临以包豪斯风格为主导、弥漫着现代主义气息的“798”厂区。园区整体形象简约、现代、时尚，力求在周边老旧、沉闷的城市环境中脱颖而出，成为整个酒仙桥地区的形象亮点。园区主要为文创、艺术类客户提供办公空间，以及餐饮、商业等配套服务，与西侧“798”厂区内日渐活跃的艺术氛围相呼应，位于园区中央的多功能演艺中心，将成为整个园区的观赏中心和视觉名片。

为确保空间效率，4 栋办公塔楼办公标准层采用带圆弧倒角的方形平面；核心筒南北分置，以提供带充裕采光及丰富绿化的中庭空间。得益于两种标准平面（区别仅在于幕墙后退的位置）的灵活组合，建筑立面呈现出了活跃且不失优雅的丰富变化。多种景观策略相辅相成，为园区内部丰富多元的功能提供绿色、健康的支持——基地周边的浓密树林为园区营造静谧、可控的内部环境；与首层商业屋顶相结合的草坡及灌木为游客提供别样的休闲空间；塔楼立面阳台上的绿植，为办公人员在工作之余提供交流、休憩的场所。

设计评述

本方案立意清晰明确，创作思路围绕着城市老旧街区的更新，以及创造符合文创、艺术类办公场所的气质形象两大主题展开。本设计充分利用了作为办公类项目，容积率要求仅为 2.5 的优势，把创造舒适的外部环境作为设计的亮点。办公楼标准层核心筒南北分置，形成绿化中庭空间，打破了传统型核心筒封闭的格局，增添了室内空间的流动性。建筑外围流动转换的阳台绿化空间，既提供了办公休闲场所，又带来造型的丰富变化，使平面功能与建筑造型完美地结合为一体。

方案指导人 • 马　泷
主要设计人 • 王　伟　马　悦　赵雯雯　张　涵
杜　月　刘思思　薛　辰

01

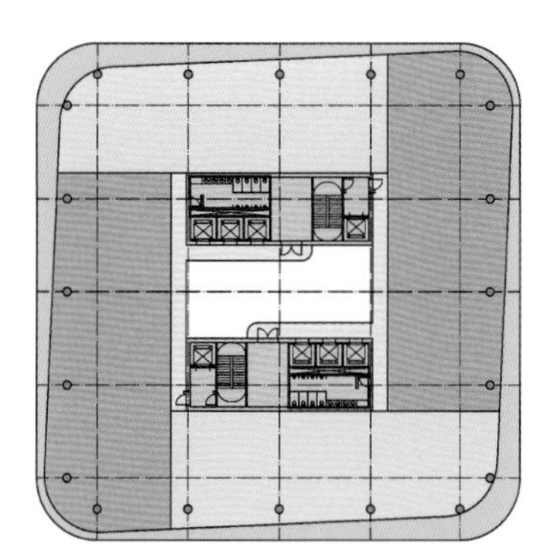

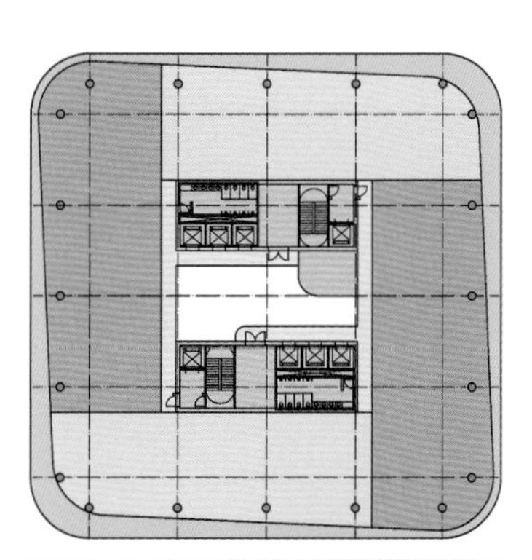

02

03

对页 01 总图及标准层平面
02 演艺中心效果
03 中庭效果

本页 04 鸟瞰图
05 庭院街景

04

05

天狮书苑

一等奖 • 居住建筑及居住区规划／一般项目

• 独立设计／非投标方案

项目地点 • 天津市武清区

方案完成／交付时间 • 2015.06.15

设计特点

本项目主要供天狮国际大学的高端管理人员及教授使用，引入龙凤河水系，形成独一无二的景观系统。场地内以中式建筑为设计元素，体现本土大学的书苑气质。建筑取飞檐及屋脊等中式设计元素，并简化取整，每一栋产品都有共同的设计元素，但又各不相同。平面布局强调中式内院的设计手法，并和周围的环境适当开放，反映现代“新中式”的设计理念。北侧高层住宅引入中式花窗的设计手法，并结合立体绿化强调生态绿色的建筑理念。开放的阳台空间，创造半室外的休闲空间，既“亲近”大自然，也增加产品的附加值。

设计评述

本项目设计，从整体规划到不同功能分区之间都保持了一定的完整性，并与园区内景观水系形成整体的景观轴线。虽然不同面积住宅的平面各有特点，但都给用户提供了较高舒适度。立面设计上，各种建筑都从“新中式”的设计理念出发，结合项目背景，都较突出地体现了“学苑”的设计特点。

主要设计人 • 张庆利　李晓路　曹韡佳　马　丫

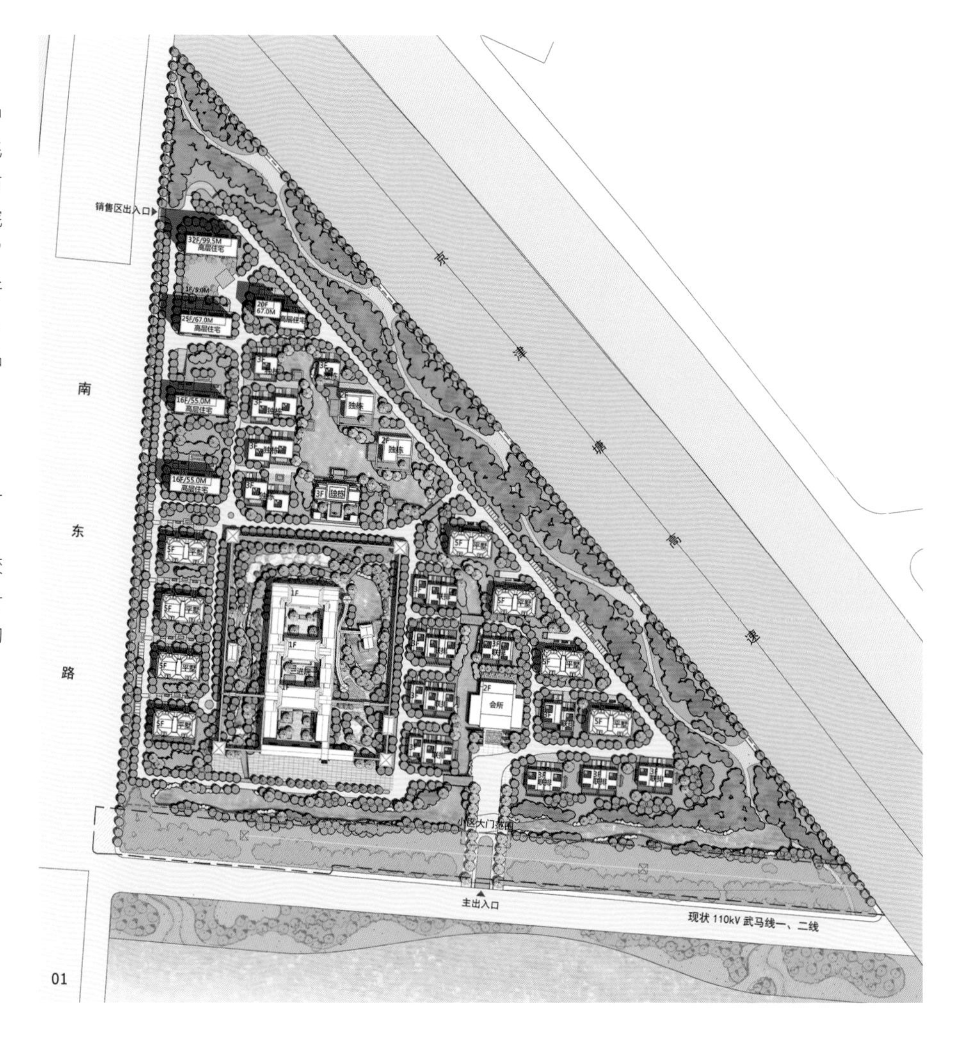

01

02

对页 01 总平面图
02 高层住宅效果

本页 03 800m² 别墅平面图
04 1000m² 别墅平面图
05 联排别墅平面图
06 600m² 别墅效果
07 800m² 别墅效果

03

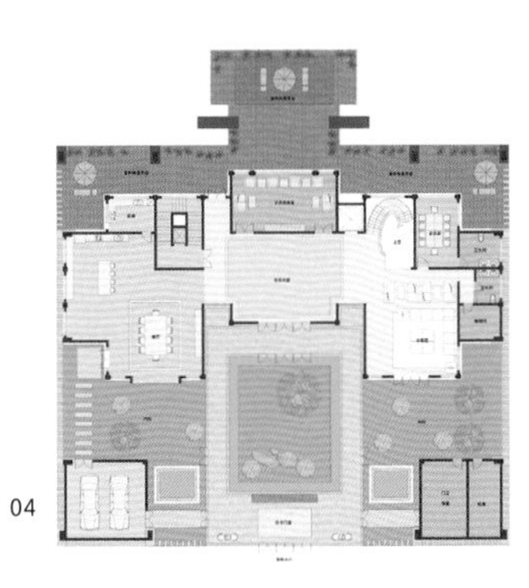

04

05

06

07

万佛堂改造项目

一等奖 • 公共建筑／一般项目
• 独立设计／中选投标方案

项目地点 • 北京市房山区
方案完成／交付时间 • 2015.05.20

设计特点

万佛堂改造项目定位为“失智老人护理中心”，位于北京市房山区河北镇京煤集团旧厂区中。项目改造建筑包含5个建筑单体，均为20世纪50年代和70年代的红砖建筑，具有特殊的年代印记；另外，项目所处环境中也具有很多积极的场所元素，包括周边环抱的山体、场地内的保留树木、场所内的传统古建筑，以及20世纪五六十年代京煤厂区内的工业建筑。这些因素为这个改造项目提供了诸多碰撞性的底景。

整个改造项目基于以下几个方面的设计想法着手改造：（1）围绕养老建筑的特征及管理模式进行功能梳理及空间整合；（2）保持建筑本有的场所感、年代感，植入新内容的同时不破坏建筑的整体风貌；（3）与环境对话，包括建筑群与整体自然环境的对话、场所内文化的对话以及与年代的对话。

设计评述

由于项目处于房山区石花洞风景名胜区的禁建区之内，故项目无法进行新建建设，只能在原有建筑的基础上进行改建来达成项目定位目标。设计通过对功能空间的梳理、对材料的细致营造，以及对建筑与环境的巧妙关系改造，使原有的老建筑焕发出新的活力，从而创造一个独具特色的京西养生养老场所。

主要设计人 • 石　华　杨　帆　张广群　阴倩雯
张　祺　王　璐　褚奕爽　马立俊

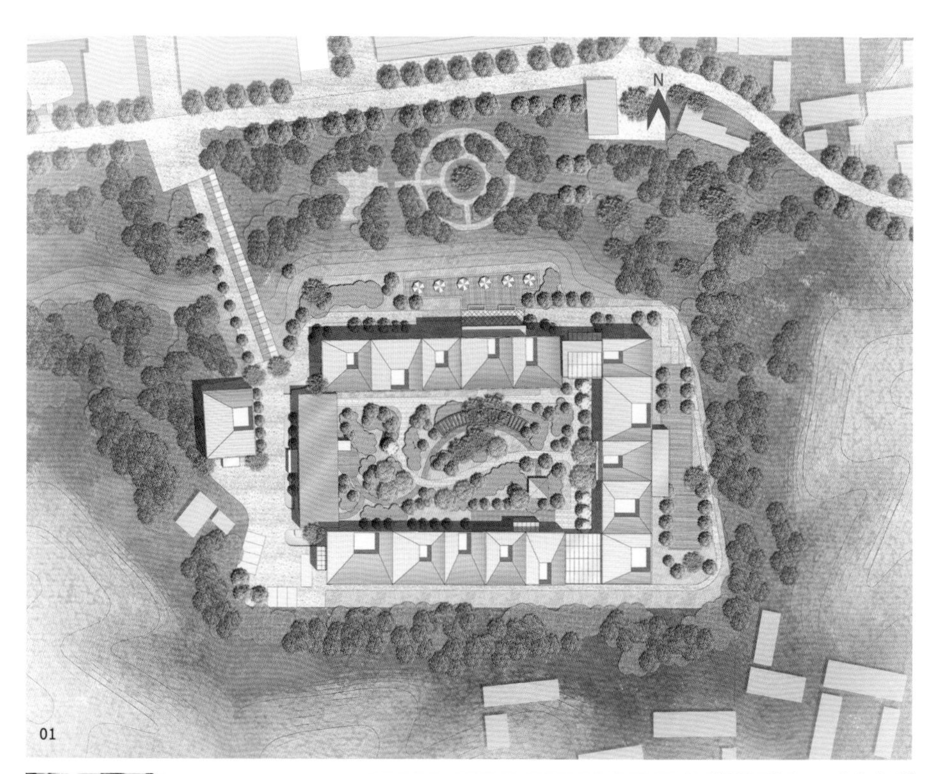

01

02

03 04 05 06

对页 01 总平面图
02 庭院改造后效果
03 入口接待中心效果
04-05 公共连接空间效果
06 玻璃餐厅效果

本页 07 鸟瞰效果
08 空中院落效果
09 改造细节
10-11“空中的院落”创造与环境对话的最大可能性

07

08

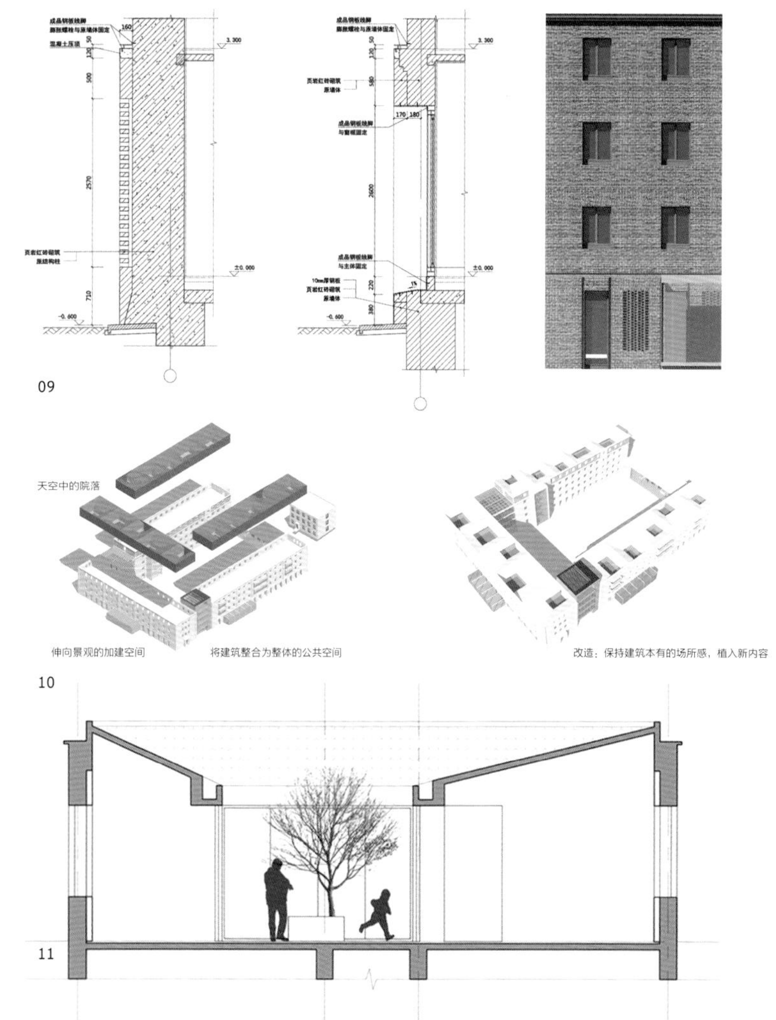

09
10
11

西北旺创意产业园区

一等奖 • 公共建筑／一般项目
• 独立设计／非投标方案

项目地点 • 北京市海淀区
方案完成／交付时间 • 2015.07.01

设计特点

本园区位于北京西北旺镇技术产业开发区，是中关村国家自主创新示范区核心区的重要组成部分，也是首都北部研发服务和高新技术产业集聚带的重要构成部分。设计具有如下三个特色：（1）绿谷——以多变的中心下沉庭院贯穿规划用地，独立与集中式办公结合"绿谷"围合布置，结合独立的庭院绿化、平台绿化、屋顶花园及建筑外墙的垂直绿化，打造清新宜人的办公、研发与交流环境；（2）层台——以灵活的建筑外轮廓形成层层退台，将规划用地内的室外空间利用最大化，与建筑边庭、中庭、屋顶花园、空中庭院等丰富的垂直变化相呼应，模拟自然界进行生态重组；（3）群落——结合总体规划构想，独立式办公采用街区围合式布局手法，形成"外部道路＋内部庭院"的"双界面"设计。

设计评述

本案通过处理好如下三个方面的关系而获得好评：（1）设计立意新颖，能够把龙头企业、中小企业以及新兴企业整合为一体，共同协作发展；（2）整体设计构思清晰流畅，以内外有致的方式把整个区域划分成集中办公区和分散办公区，中间区域开阔可做相关配套等功能，与周围办公区不做流线交叉，流线明朗；（3）加入了绿色设计理念，为整个办公区的高端化、精致化提供良好保障。

设计指导人 • 杨　勇　张　涛
主要设计人 • 王　飞　李　雪　张国超　肖　赛
余　慧　韩　夏

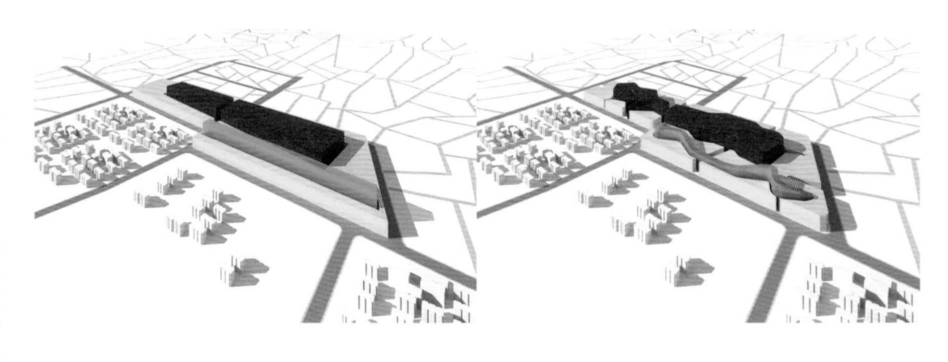

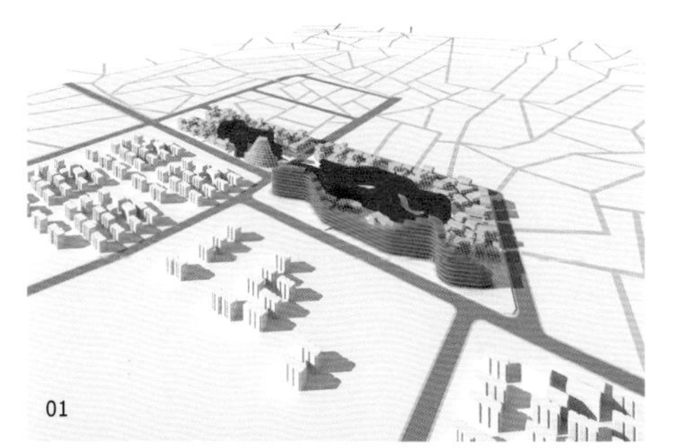

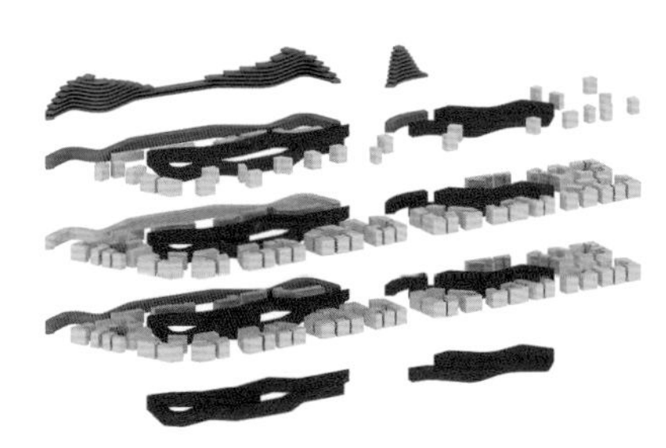

01

02

03

对页 01 方案生成示意
02-03 办公区效果

本页 03 整体鸟瞰效果
04 内街效果

04

05

蚌埠蚌山区城南九年一贯制学校

一等奖 • 公共建筑／一般项目

• 独立设计／非投标方案

项目地点 • 安徽省蚌埠市蚌山区

方案完成／交付时间 • 2014.11.20

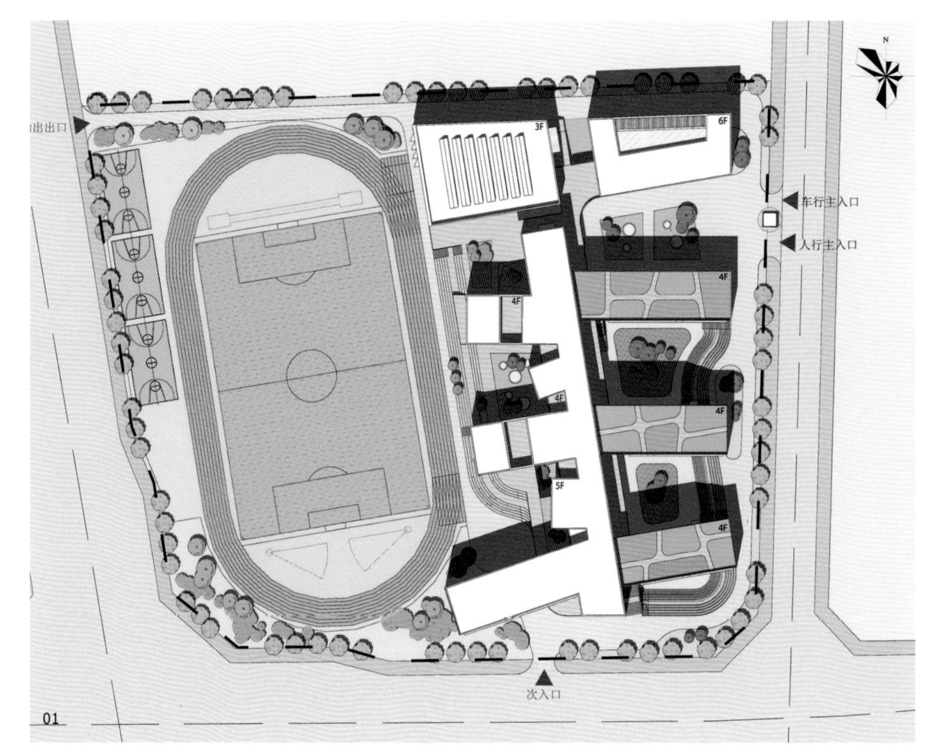

01

设计特点

该校是蚌埠市城南新城建设的配套学校，建设规模为 48 个普通标准班级。校址处于城市新区建设范围内，依据场所内容相对缺失的特点，设计将着眼点放在了对当下学校设计本身的探索上。设计对这个学校提出了四个方面的设计愿景：（1）绿色——一个与自然融合的学校；（2）阳光——充满阳光和良好通风采光的校园；（3）交往——校园中尽可能多地提供供师生交往的开放场所；（4）生态——节能的校园自循环生态系统。在这些愿景的驱动下，设计通过环境、空间、材料的方式，创造出一个营建在绿色田园之上的、拥有良好自然通风采光的、可以提供多种交往场所的新时代的校园。

设计评述

作为蚌埠市新城建设的重点建设学校，该学校的建设对于整个城市的统一规划、合理布局、保证新城的良性健康发展具有重要的作用。设计立足打造蚌埠市城市新区的示范性学校，除了常规学校的应有功能，学校还配备了图书馆、体育馆、游泳馆、餐厅、宿舍等功能，为学校未来的可持续发展提供了前瞻性的条件，使整个学校在一个较高的办学平台上运行。

方案指导人 • 李明川

主要设计人 • 石　华　褚奕爽　杨　帆　王　璐

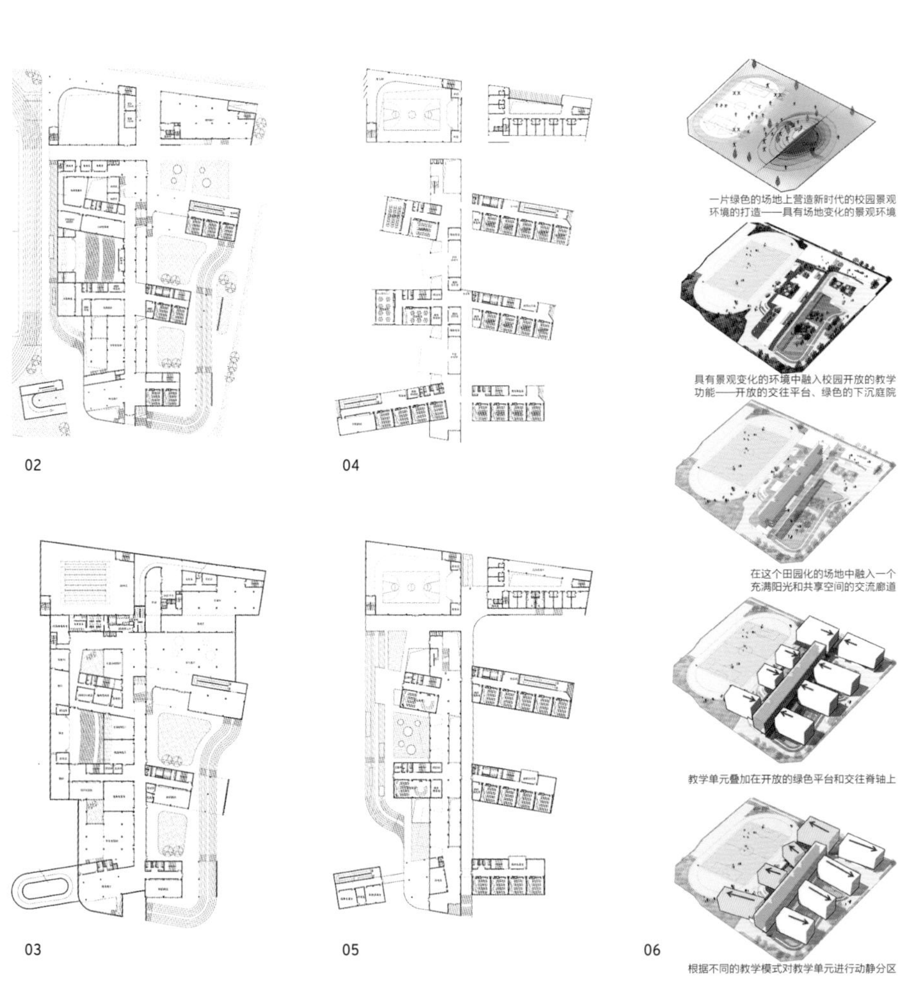

02 03 04 05 06

对页 01 总平面图
02 首层平面图
03 地下一层平面图
04 三层平面图
05 二层平面图
06 设计生成示意

本页 07 鸟瞰效果
08-10 空间示意
11 空间模型
12-13 人视效果
14 室内效果
15 操场人视效果

07

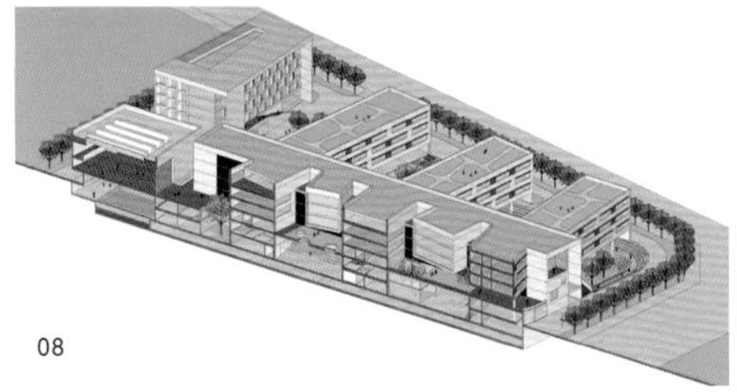
08

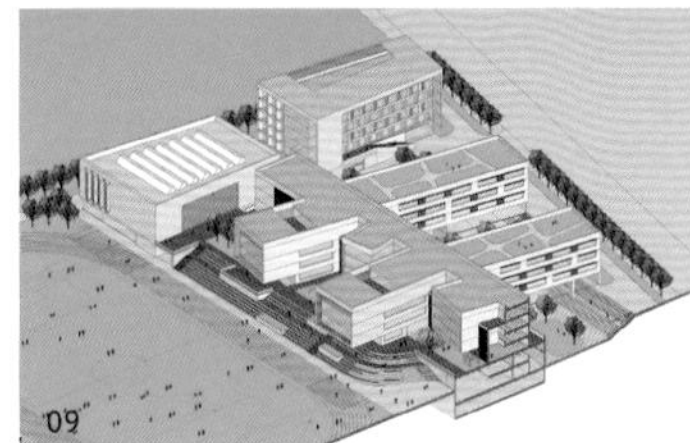
09

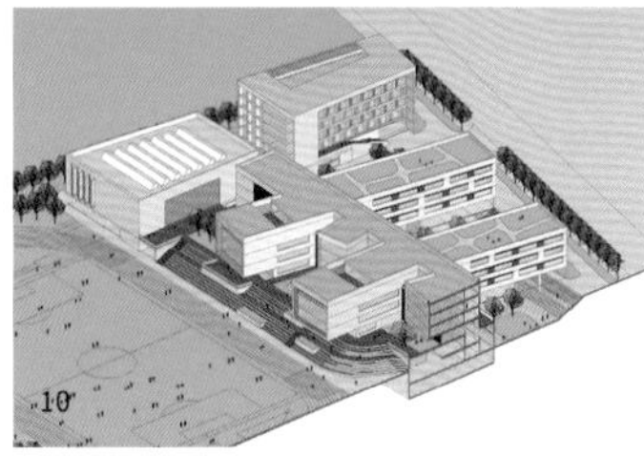
10

14

11

12

13

15

大源Ⅲ线北侧小学

一等奖 • 公共建筑／一般项目

• 独立设计／中选投标方案

项目地点 • 四川省成都市高新区南部园区大源组团

方案完成／交付时间 • 2015.05.12

设计特点

设计着眼于为学生创造积极的学习环境，注重培养孩童高雅的审美情趣，激发其活跃的思维，并提供更多的交流空间和愉悦的交流氛围。在这种情况下，学生与建筑、学生与学生、学生与老师之间的沟通交流将更加有效而充分，从而达到提高学生学习效率、利于学生成长及培育学生社会交往能力的目的。

建筑楼体体现中小学的特殊性，外观设计严格按照中小学建设标准。建筑造型简洁、明快，富有特色；风格结合川西民居灰白调与孩童眼中的色彩综合设计，具有校园建筑的识别性；体量及建筑高度严格按照国家现行标准进行设计并与使用功能相互协调；利用屋顶景观及校园内部绿化环境结合建筑打造“生态小学示范点”。

设计评述

总体设计遵循“经济、适用、美观”的原则，校园功能完善，平面合理，交通流线安全、便捷。设计针对 6 ~ 12 岁儿童做了专项研究，以期实现通过学生活动促进身心成长的目的。设计重点结合成都地域、人文特色，以充满童心、童趣的思维方式落实建筑的内外结合、与自然连通的设计理念。

方案指导人 • 李明川

主要设计人 • 汪 贤 赵 波 陈 起 姜 君

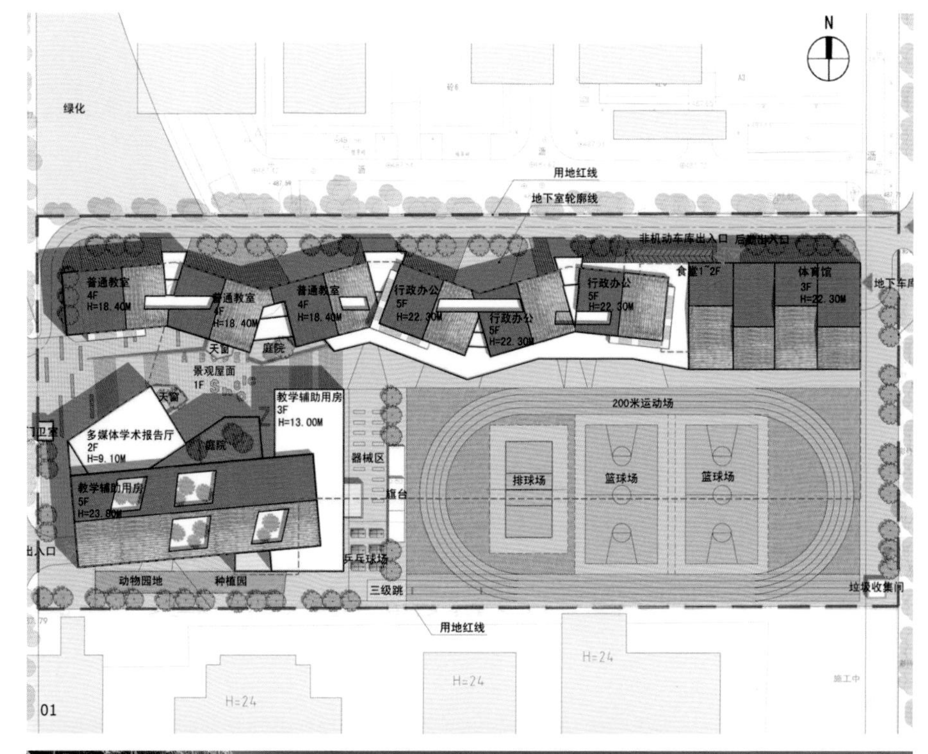

01

02

03

对页 01 总平面图
02 主入口透视效果
03 透视图

本页 04 鸟瞰效果
05-06 人视效果
07 剖面图
08 二层平面图
09 首层平面图

04

05

07

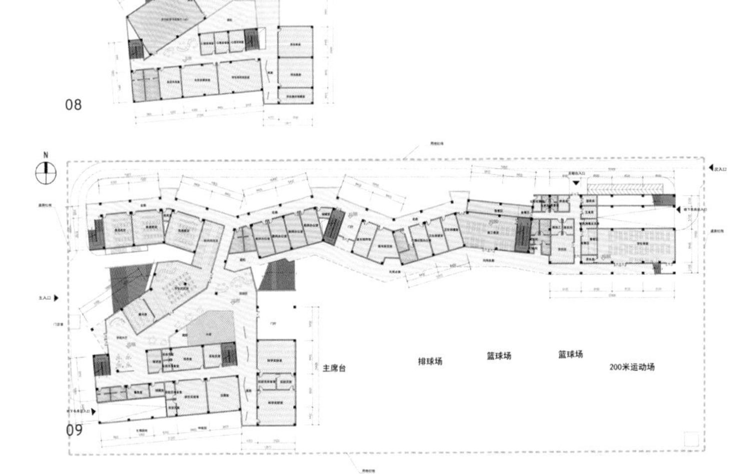

08

09

06

贵阳市女子强制隔离戒毒所建设项目设计

一等奖 • 公共建筑 / 一般项目
• 独立设计 / 未中选投标方案

项目地点 • 贵州省贵阳市乌当区三江农场内
方案完成 / 交付时间 • 2015.05.05

设计特点

基地位于贵阳市乌当区三江农场内，用地北侧为百马路，南侧为规划路，西侧为站东路。建筑群按照传统礼学流线“起、抑、扬、收”的序列，在南北主轴上依次形成“礼之庭院——迎宾广场”、“乐之庭园——涤清广场”和“思之庭院——新生广场”，使得主从有序，强调出空间轴线与建筑的秩序感。在规划布局方面，建筑北密南舒、北高南阔，合理梳理四季风向，开湖留山，植树成林，背山面水，调节微气候，环境怡人。

园区建筑总体采取低层、低密度的组织方式，组团内部与核心区布局紧凑，加强不同功能分区之间的联系，形成园区与城市相互融合的多功能复合形态。多层级庭院展开结合局部架空，使空气自然流动。自然庭院山体同屋顶绿化结合，营造多层次景观空间，打造循环水系统，将“水主题”节点串联于不同空间序列之间。

设计评述

方案整体规划强化秩序感，大气不拘谨，严肃又不失活跃，按南北主轴延续了几个功能广场，主从有序，强调空间轴线与建筑的秩序。建筑排布合理，疏密有侧重点，功能考虑地势、风向、景观，多方面体现了对女子戒毒所的特殊考虑。建筑局部架空，使多层次庭院空气流动自然，山体同屋顶绿化结合，加之循环水系统，使得戒毒所环境优化，戒毒所不仅仅是戒毒场所，也为女子戒毒、生活提供了很好的环境影响，对她们重返社会、获得新生的渴望有促进作用。

方案指导人 • 李明川
主要设计人 • 张小雷　周　毅　李金城

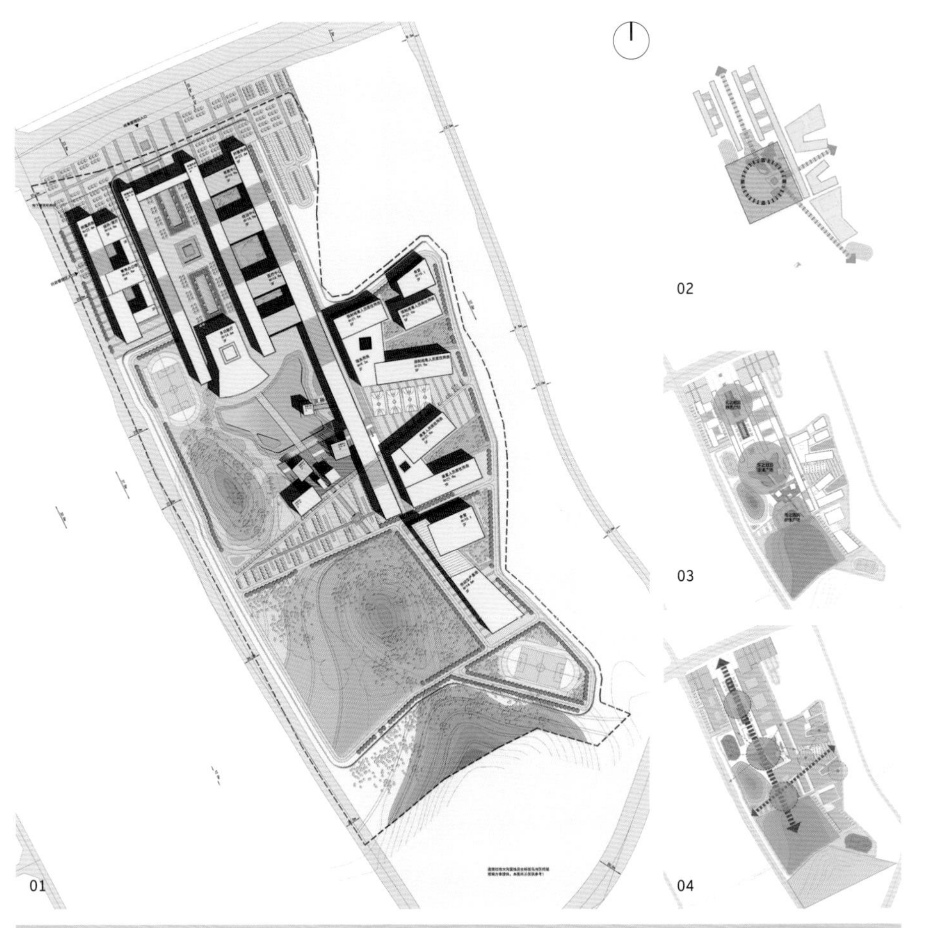
01　02　03　04

05

06

07

对页 01 总平面图
02 规划结构
03 庭院节点
04 景观节点
05 北立面图
06 东立面图
07 人视效果
本页 08 鸟瞰效果
09 人视效果

08

09

科达文化艺术交流中心概念方案设计

一等奖 • 公共建筑／一般项目
• 独立设计／非投标方案

项目地点 • 河北省廊坊市三河市燕郊植物园内
方案完成／交付时间 • 2015.06.25

设计特点

交流中心位于北京燕郊植物园西南角，园中地形起伏，池水环绕，植物茂盛且种类繁多。项目基地的西侧和南侧紧邻现状既有的小树林，往西不远即是南北方向的城市道路。基地周边自然条件优越，景观宜人，是文人墨客吟诗作画的绝佳场所。

方案设计通过“构园”的手法营造出“园中园”的空间意境，使得现代建筑赋有中式韵味。在整体设计上，建筑与景观良好地结合在一起，形成了一种层层“入画”的景观效果。通过墙体对空间进行分隔、敞开、阻断，取得框景、对景、隔景的效果，增加了空间的趣味性。室内庭院通过游廊内外相连，使得静中有动，可动观、静观、仰观、俯观，为使用者创造出一种可居、可游的空间体验。

设计评述

以营造“园中园”的空间意境，较好地处理了建筑与周边自然环境的关系，也符合艺术家的心境，可以激发创作灵感。手法上以“墙”为设计元素对空间进行功能化处理，产生了丰富的空间效果；游廊将室内庭院进行串联，实现了多角度的立体空间体验，取得步移景异的空间感受。建筑形象上以连绵起伏的山川为原型，对墙体及屋顶进行高低处理，将建筑景观化，与周边环境高度融合。

方案指导人 • 徐聪艺　孙　勃　张　耕
主要设计人 • 李瀛洲　李学志　王海军

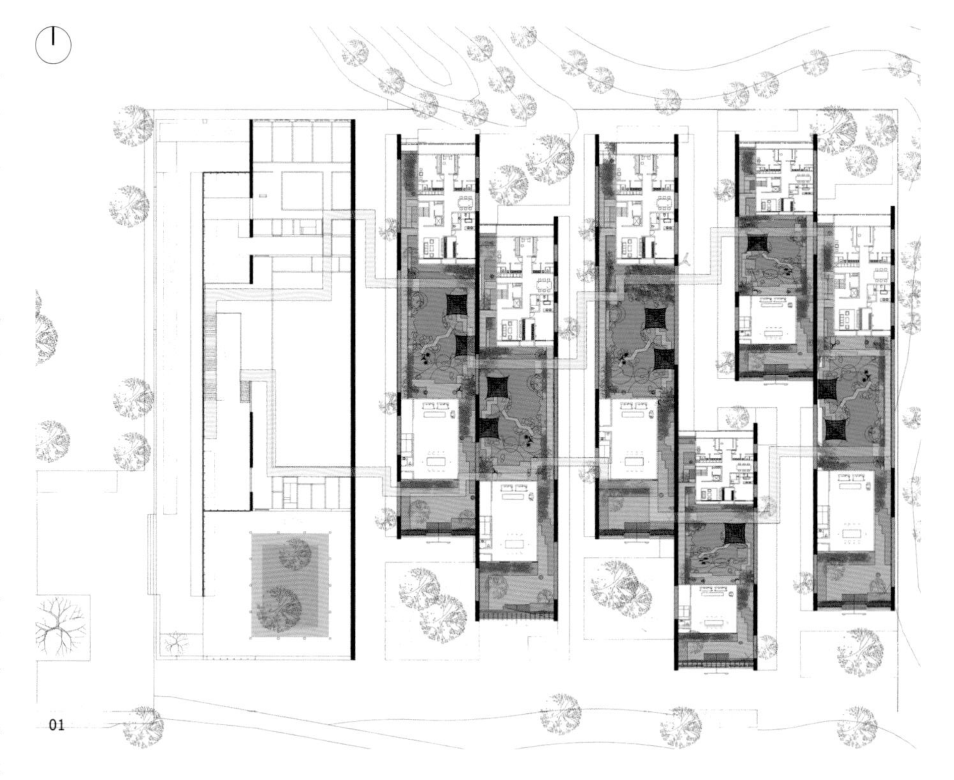
01

02

对页 01 总平面图
02 俯视图

本页 03 低角度鸟瞰
04-05 人视效果
06-07 穿景效果

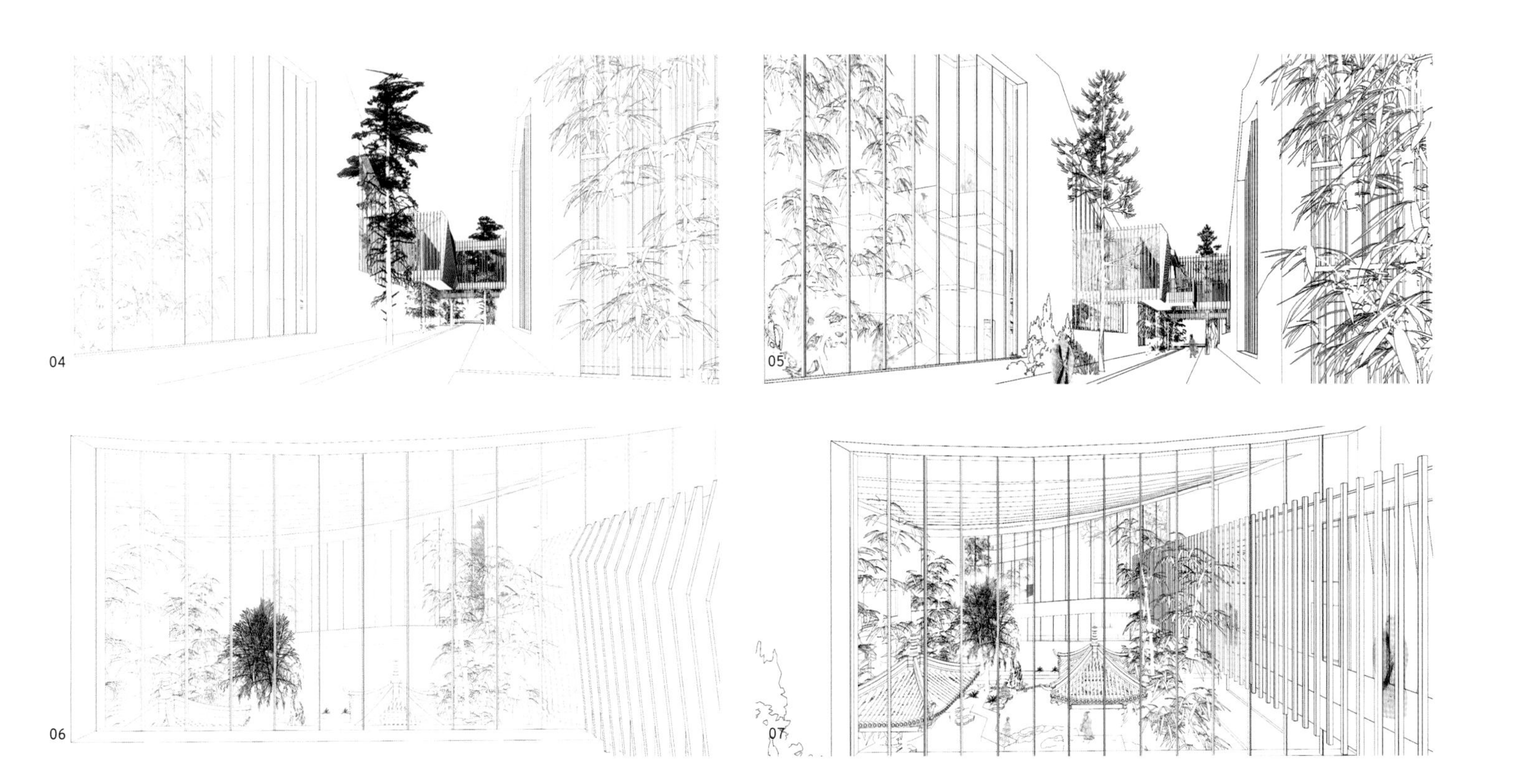

“3D 打印”建筑
——上海青浦游客中心设计

一等奖 • 公共建筑／一般项目
• 独立设计／非投标方案

项目地点 • 上海市青浦区莲湖村
方案完成／交付时间 • 2015.06.25

设计特点

游客中心为“3D 打印”建筑，主要功能包括游客服务、餐饮、教育、展览等。用地现状为村集体经济组织的厂房和仓储设施，建成后将成为东南部进入青西郊野公园的重要门户。青西郊野公园以“湖、滩、荡、堤、圩、岛”湿地景观以及江南水乡肌理为特色。设计中，以“连舍”作为呼应。“连舍”，取音“莲舍镇”，继承其文脉，取意“村舍相连”，继承其形态。以“重复 + 相连”的形态操作构建公共建筑的尺度，突出游客中心的江南水乡形象。第五立面自然弧度与屋面不同方向组合的设计，体现自然野趣。

技术策略上，采用“3D 打印”混凝土技术生产立面模板以及屋顶瓦构件，节能环保，并降低造价。景观设计充分利用“水、田、路、林、村”等现状自然资源，融入现有的自然村落肌理和布局当中。

设计评述

本方案布局合理，与道路、河道及现状建筑关系融合性较好，流线清晰。建筑形式表达了江南水乡氛围，具有一定的表现力。突出了“3D 打印”建筑的结构与构造特征，具有可操作性。

方案评审人 • 邵韦平
方案指导人 • 刘宇光
主要设计人 • 缪一新　孙月恒　李培先子

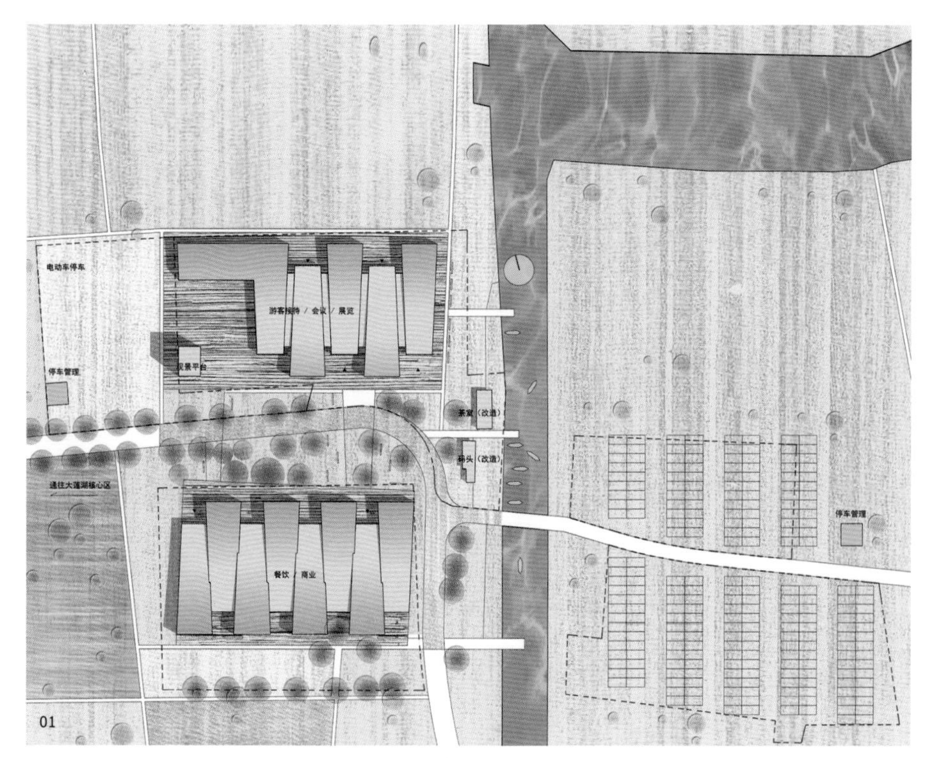

01

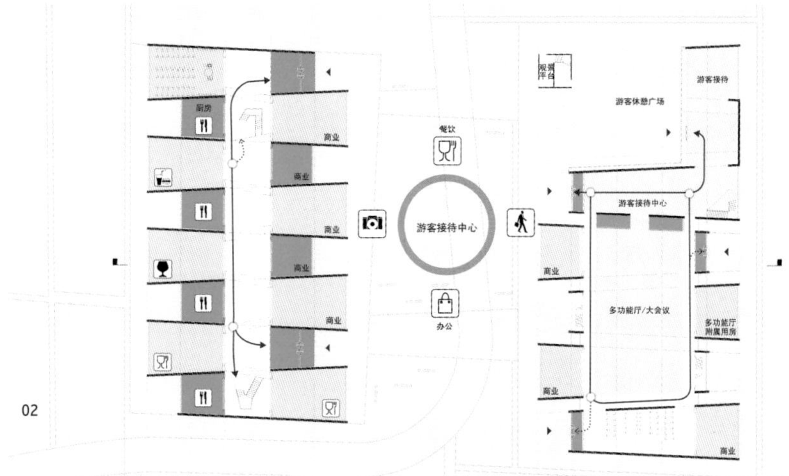

02

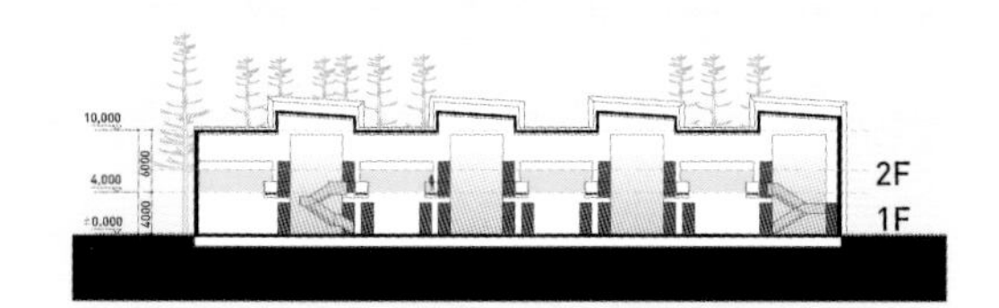

03

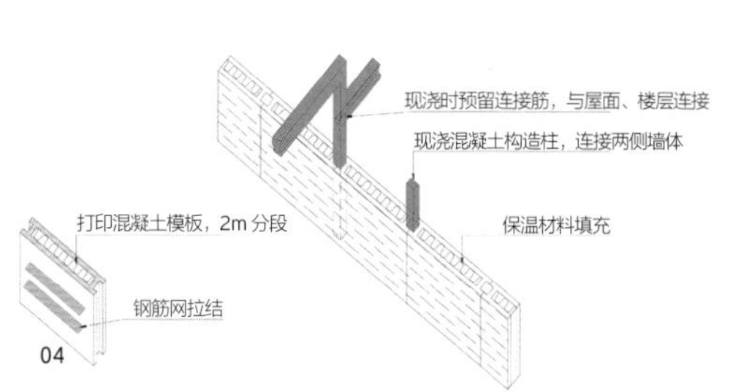

04

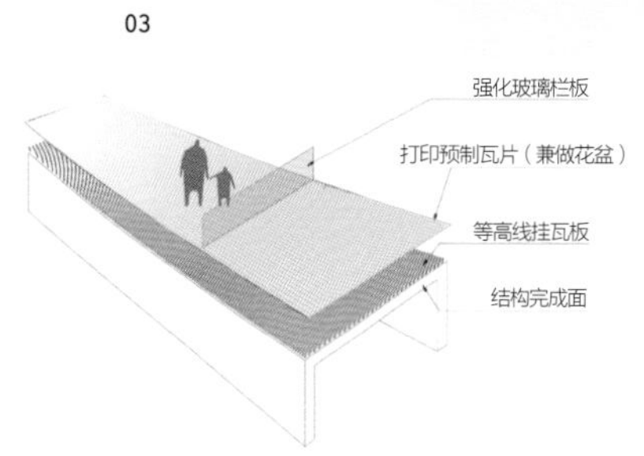

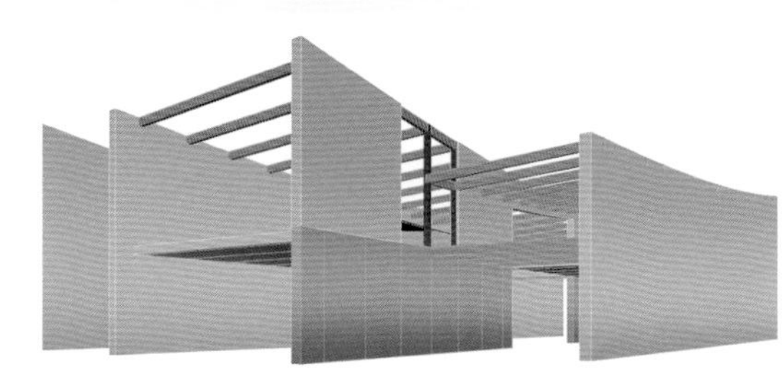

对页 01 总平面图
02 首层平面图
03 剖面图
04 BIM及3D打印技术的应用

本页 05 鸟瞰效果
06-08 室内效果
09 人视效果

05

06

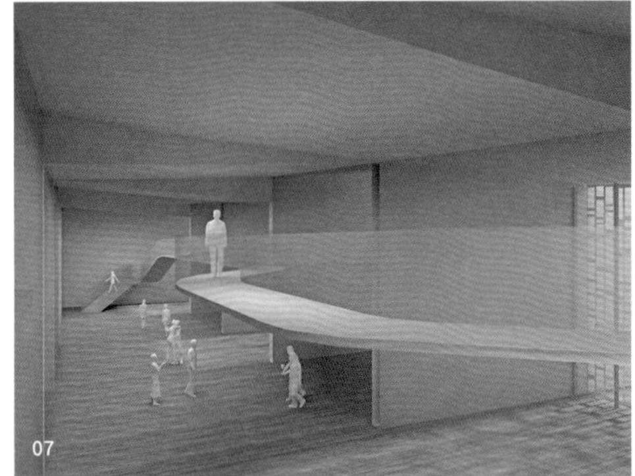
07

08

09

通州区永顺镇0504-014地块概念方案设计

一等奖 • 公共建筑／重要项目
• 独立设计／非投标方案

项目地点 • 北京市通州区
方案完成／交付时间 • 2015.03.31

设计特点

本项目建设用地位于北京市通州区新城运河核心区，五河交汇，地理位置优越，功能为商业、办公、公寓、酒店及会所等。本项目用地较紧、功能类型多、地上建筑规模大，需要合理解决不同功能之间的流线关系，以及找到切入点避开“从功能到造型，再到造型”的固有设计模式。

本项目设计理念为“将功能重新复合”，从思路上避开“做双塔还是三塔、四塔”的传统模式，用“城市客厅”的概念整合商业、办公和会所，用“城市公园”的概念整合酒店和公寓；同时将“城市公园”和“城市客厅”竖向复合，建筑整体造型自然而生；在“城市公园”上空采用轻质张拉膜结构，减少了结构难度，同时整体形成“门”的意象，呼应“彩虹门”的概念。

设计评述

本项目属地标式建筑，方案总体设计符合任务书要求，规划思路清晰。建筑造型简洁有力，功能布局克服了场地狭小等问题。

方案评审人 • 刘卫纲
方案指导人 • 叶依谦　段　伟
主要设计人 • 霍建军　刘　智

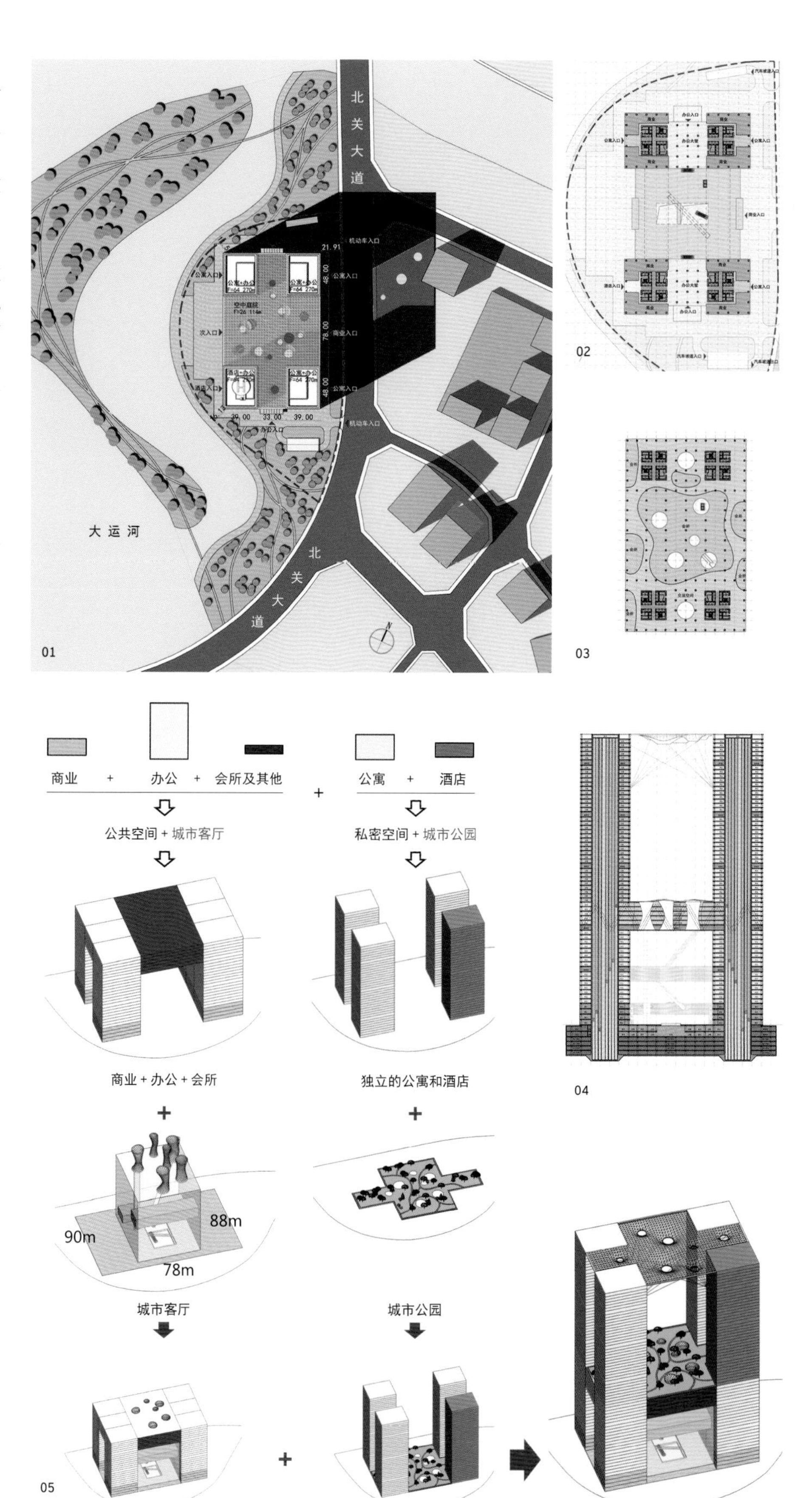

对页 01 总平面图
02 首层平面图
03 公共平台区平面图
04 剖面图
05 形体生成示意

本页 06 西南透视效果
07 西北鸟瞰效果
08 城市客厅透视效果

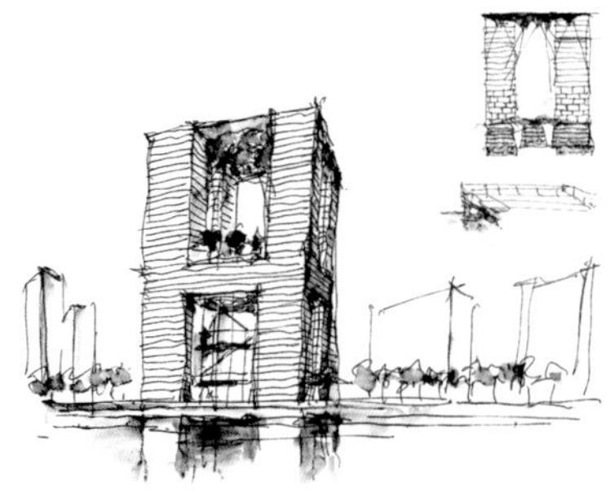

06

07

08

中央财经大学沙河校区学院楼工程

一等奖 • 公共建筑／重要项目
• 独立设计／未中选投标方案

项目地点 • 北京市昌平区中央财经大学沙河校区
方案完成／交付时间 • 2015.02.06

设计特点

本项目位于中央财经大学沙河校区的北边界，由三个地块组成，在对已有校园进行调研的基础上，顺应校园原有规划理念（即“俄勒冈试验”），从中提取适合该地块的要点理念和模式语言进行设计。

本设计将原本并无联系的三个地块通过规划，围合形成一个环体，内部营造出一个中心街的公共空间。通过建筑的形体变化，借助北侧临城市快速路的条件，以较高连续的形态形成完整的城市界面，体现校园形象；而南侧临校园内部，以低矮开放的建筑形态强调舒适宜人和景观的渗透。在中心街内部加入室外空中连廊系统，串联起每个楼的公共空间，取得丰富公共空间的层次，提高公共空间利用率的效果。建筑屋面顺应形体变化构建屋顶平台，成为眺望校园内部及北侧山脉的良好视点。材料的选择上以浅灰色混凝土挂板为主，与原有校园的材料形成连续性；在交流空间中运用暖色调的木材，营造出温暖活跃的气氛。

设计评述

设计方法上将三个地块作为一个统一整体来考虑，调整建筑布局，向内形成一个围合的场所。在此场所中加入空中连廊步行系统，将教学、活动和办公三个功能串联起来，营造了一个学生之间、师生之间的交流场所。向外形成连续起伏的城市界面，高低起伏顺应远处的山景。学院楼屋顶设计眺望远山的屋顶平台，同时也是另一个层次的公共空间。

方案指导人 • 徐聪艺　孙　勃　张　耕
主要设计人 • 李瀛洲　范　劼　王蓓菲

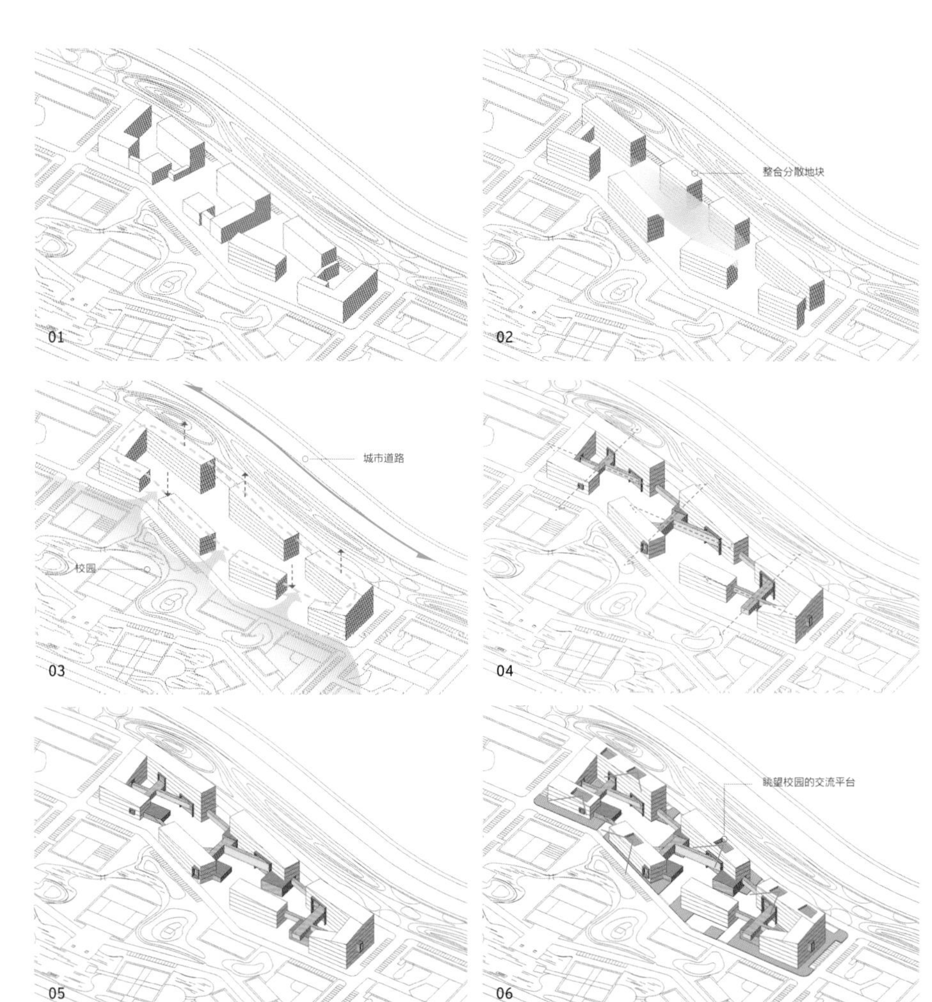

01 02 03 04 05 06

07

对页 01 原规划方案
02 围合新场所
03 起伏连续天际线
04 十字连廊
05 连接公共空间
06 屋顶花园
07 鸟瞰效果

本页 08 鸟瞰效果
09 庭院效果
10 连廊效果
11 平台效果

08

09

10

11

北京市周口店镇中心区二街区 20-0015 地块

一等奖 • 居住建筑／一般项目
• 独立设计／中选投标方案

项目地点 • 北京市房山区周口店镇政府东侧
方案完成／交付时间 • 2015.04.08

设计特点

本项目位于北京市房山区周口店镇政府东侧，总用地面积25.2万平方米，总建筑面积23.9万平方米，由住宅、商业、酒店、学校和中心公园组成。项目由多种业态有机组合，相辅相成，形成一个功能较完善的居住区，为周口店地区第一个大型住宅项目。

设计定位明确，以“遗址文化”为基础，以“文化旅游”为依托，以“健康、自然、原生态、乐学”为理念，以“体验式种植园”为主题乐园特色。

在设计方面，规划强调“主题设计”；商业强调“地景设计”、“文史设计”；住宅强调“品质”，通过低层设计强调环境的融合；户型以叠墅为主，大面宽小进深，专梯入户，彰显别墅品质；外部空间强调“活力”设计，包括中央公园、广场、水系、街道、小品和风情街、酒店；另外，强调“节约”的设计和“成熟新技术”应用。

设计评述

此方案深入地分析了用地和周边现状，归纳总结了项目的优劣势，并以此确定了设计定位、目标和策略。整个方案结构清晰、布局合理，考虑了各个地块与公园间的空间关系。商业形态体现了历史文化和地域特征；住宅地块章显了自然特征和高端品质。外部空间的设计很有活力，包括公园广场的人性化设计，商业步行街的情趣化设计都很到位；交通方面人车分流，保证了小区的良好环境。整个项目从外部空间到立面形态尽显小镇风情。

主要设计人 • 林爱华　石　华　刘晶锋　雷　源
姜绍隆　李小滴　付　强　金　颀

01

02

对页 01 日景鸟瞰
02 洋房透视

本页 03 商业区日景
04 公园透视
05 户型 1
06 户型 2

03

04

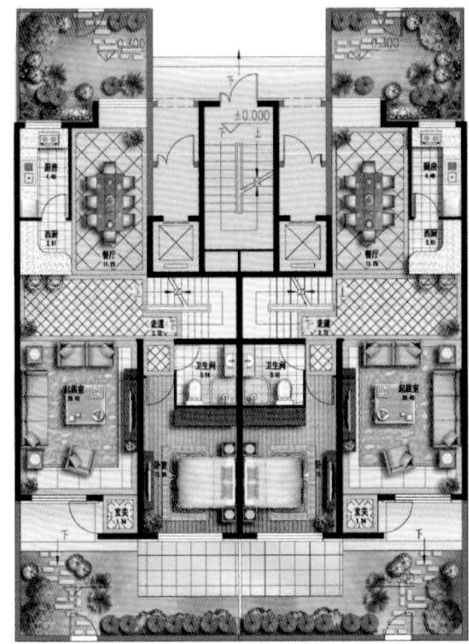

05

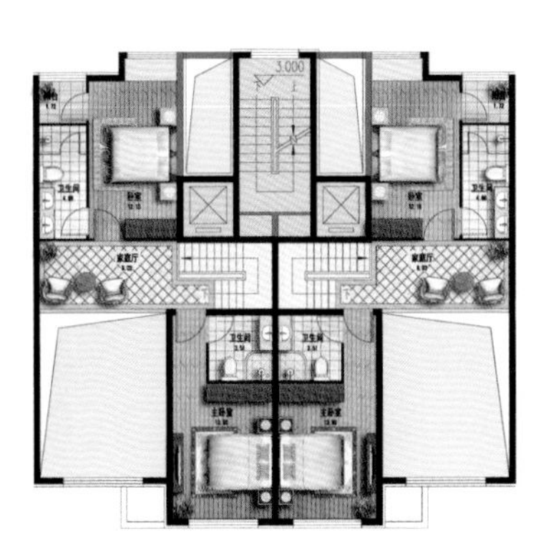

06

百子湾公租房项目

二等奖 • 居住建筑及居住区规划／一般项目
• 独立设计／未中选投标方案

项目地点 • 北京市朝阳区
方案完成／交付时间 • 2014.07.15

设计特点

本项目位于北京市朝阳区百子湾地区，用地内包含公租房及安置房两部分。公租房部分沿东侧街道布置，安置房部分布置于用地内部；中间设置“日光通廊”，通过半开放的交流空间将两部分串联起来。设计结合景观都市主义哲学，形成层级分明、功能交融、整合共生的规划结构。

公租房塔楼以设备构件（太阳能集热器、空调格栅）、装饰墙体（L 型预制装饰墙体）及围护墙体将立面分成前后三个层次，同时赋予每个层次独有的标志色彩，形成个性化的外墙标准模块，通过模块的组合变化营造丰富的立面效果。

设计评述

总平面布局方案合理，各项指标均能满足规划要求。“日光通廊”概念具有一定的新颖性。公租房区域城市形态合理，烘托了城市天际线。户型设计满足功能使用要求，并能对高容积率方案提供面积支持。建筑形象简单大气，色彩协调统一，区别于普通住宅设计给人的印象。

主要设计人 • 徐牧野　于　渤　宣　然　黄小殊
刘　畅　张璐茜　任　烨

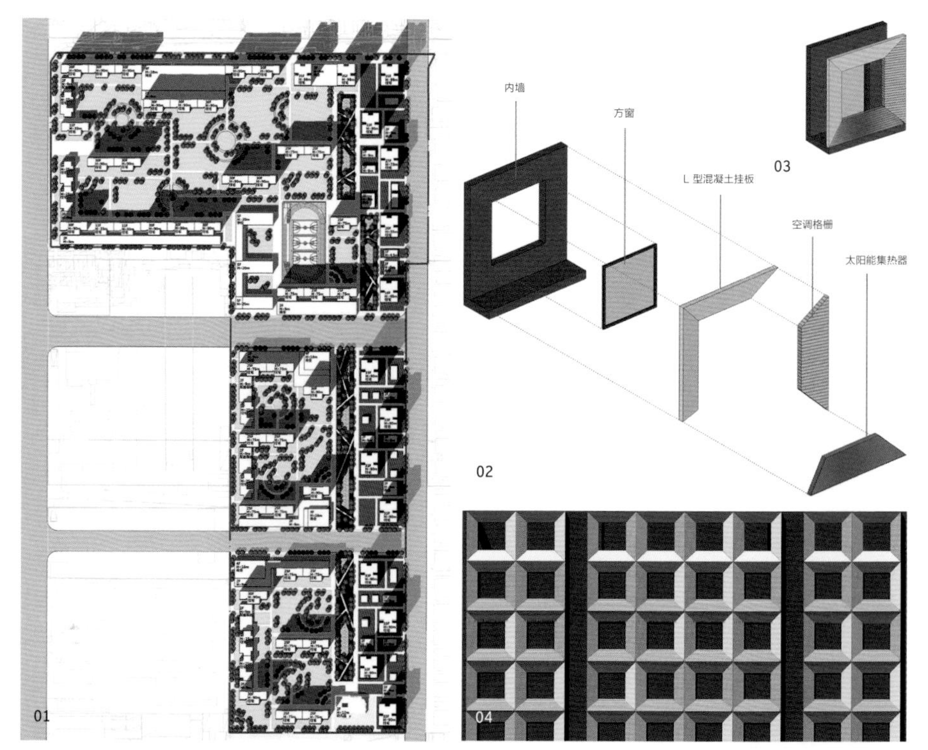

本页 01 总平面图
02 标准模块拆分示意
03 标准模块单元图
04 标准模块组合示意
05 鸟瞰图
06 南侧效果
07 东立面效果图

中国—东盟北斗科技城规划设计

二等奖 • 城市规划与城市设计／一般项目
• 独立设计／中选投标方案

项目地点 • 湖北省黄石市
方案完成／交付时间 • 2014.08.07

设计特点

本项目位于湖北省黄石市黄石港工业园区，南临长江、北靠策湖、东望西塞山，生态环境较好，地理环境与交通条件优越。项目依托北斗系统的城市管理、灾害预警和民生应用，成为全国最大的北斗产业应用基地，分为研发和产业、科研办公和公建配套、配套住宅三类。

设计结合基地良好的江湖自然环境，通过场所营造，赋予北斗科技城鲜明的自然特色；结合“智慧之城、绿色之城、科技之城”的规划建设理念，构筑“水街—绿岛—绿楔”的生态框架模式，以策湖为背景，形成连续开放的景观带；配套公共建筑布置于水街、湖面之间，既营造了中央景观带的核心建筑空间，又形成了“城市级自然绿化带—城区级沿河景观带—街区级景观带—邻里级近人外部空间”的多层级的绿化景观系统。

设计评述

设计深度满足要求：（1）整体规划按照小尺度街区设计，空间丰富，建筑立面处理细腻，平面功能组织合理；（2）符合突显北斗技术应用、打造江北城市地标、塑造黄石智慧城市的要求。

方案指导人 • 叶依谦　薛　军
方案评审人 • 刘卫纲
主要设计人 • 高雁方　龚明杰　王艳文　杨　曦　何毅敏
张　昕　顾　洁　申耀华　王　迦

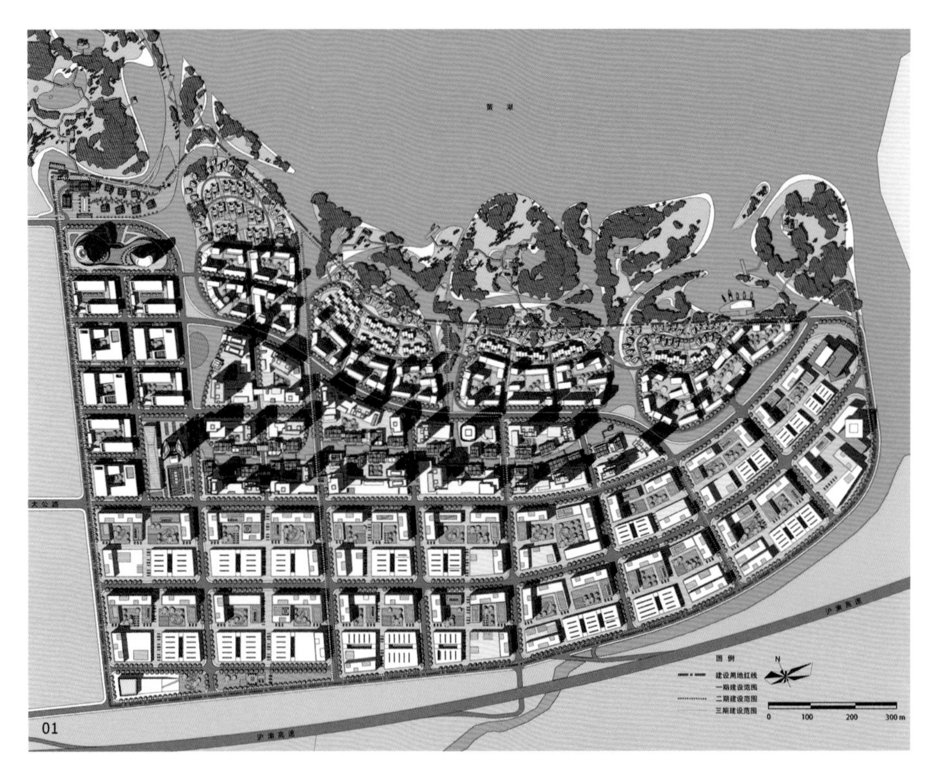
01

02

03

04

本页 01 总平面图
02 东北鸟瞰效果
03 中央商务区及东盟文化展示商业街人视效果
04 东盟风情商业街鸟瞰效果
05 东西向天际线

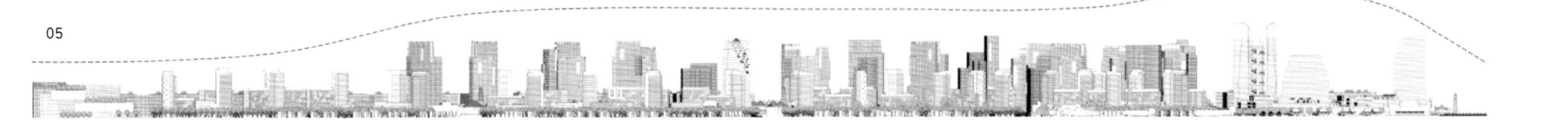
05

青岛浮山新区公交综合枢纽

二等奖 • 公共建筑／一般项目

• 独立设计／未中选投标方案

项目地点 • 青岛市市北区河马石临时公交停车场及北侧地块

方案完成／交付时间 • 2014.11.14

设计特点

青岛浮山新区现状河马石公交场站难以满足未来发展条件，需要融入新的城市行为，以激活城市机能，带动新的发展，为此规划新的公交综合枢纽（本案）。用地所处市北区，以居住功能为主，不适宜建设超大体量的城市综合体，故设计欲将市民公共生活更多地引入这片区域，在适当开发小型办公及酒店的前提下，提供更多的公共行为功能，如市民广场、文化空间等，并结合交通枢纽人流量大的特征配置商业，形成未来的良性发展空间。

主要功能分为五个板块：公交枢纽、商业及文化区、商务办公区、城市广场及附属停车区。东南侧公交枢纽功能以开放的姿态面向城市，结合场地高差，合理组织公交、行人、私家车、物流等动线；西北侧塔楼尽量退后主路，以形成市民广场，减少街角对城市的压迫；东北侧布置停车楼，并在顶部设置“都市农田”，为市民提供新颖的城市公共空间。

设计评述

建筑造型以简洁延续的横向线条表现出交通建筑通达、自由的特点。塔楼部分结合生态中庭，突出开放、高效的建筑性格。妥善利用青岛的自然气候优势，设置开敞空间并引入平面及垂直绿化，营造绿意盎然的城市形象。考虑与周边住宅的关系，设置隔声墙体阻挡公交站的噪声。停车区域采用板柱结构形式，在结构合理的前提下形成韵律化、标志性的建筑形式。“都市农田”结合运动广场，创造出绿色环保、充满活力与希望的都市场景。

方案指导人 • 米俊仁　李大鹏

方案评审人 • 聂向东

主要设计人 • Nuno　张　昊　王瑞鹏

本页 01 总平面图
02 交通分析图
03-05 剖面图
06 设计概念示意
07 沿街效果
08 售票大厅效果
09 都市农田效果
10 公共活动空间效果

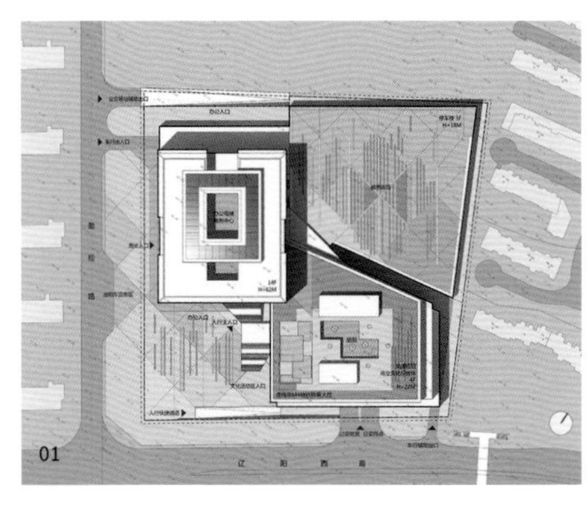
01

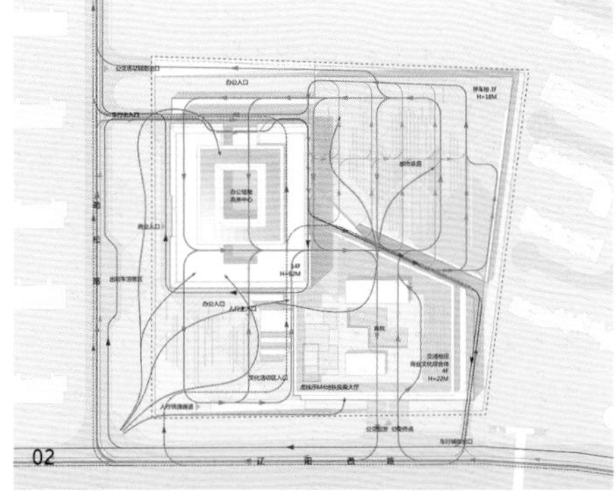
02

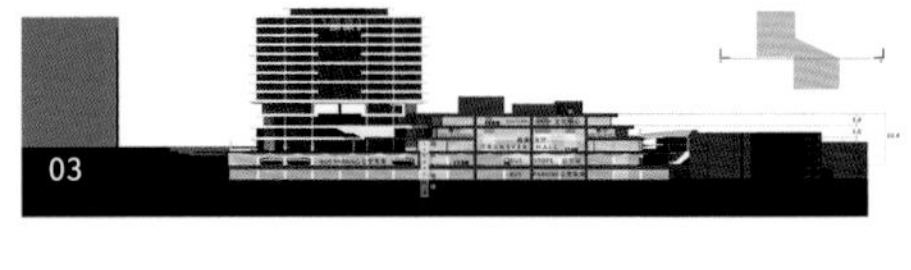
03

04

05

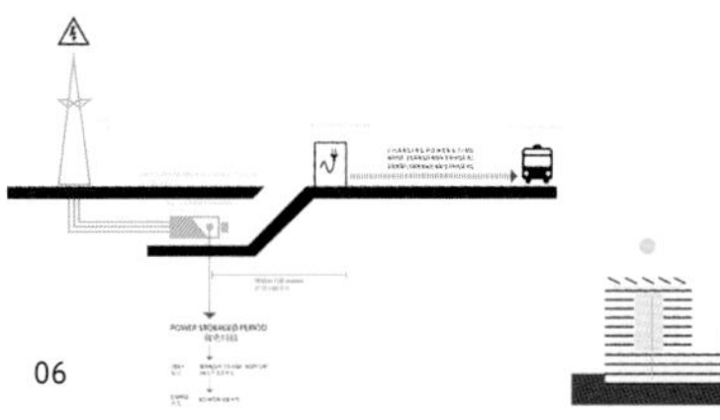
06

07

08

09

10

山东定陶王陵 M2 汉墓地上保护设施工程方案设计

二等奖 • 公共建筑／重要项目

• 独立设计／非投标方案

项目地点 • 山东省菏泽市定陶县

方案完成／交付时间 • 2015.07.27

设计特点

定陶汉墓是我国现有发现的同类墓葬中规模最大、规格最高、保存最好的一座“黄肠题凑”墓。文物保护范围以“黄肠题凑”汉墓为中心，边长 50m × 50m 的正方形放大区域是核心墓体保护区。柱洞、积沙槽及 50m × 50m 范围内夯土属于本体保护范围。

设计以保护文物为出发点，保持原址不动，突出文物的主体位置。设计文物保护设施，实现多种保护功能，实现空间多角度、全方位地研究墓体的要求，满足不同层次的可视性要求和远中近多层次的研究要求。在汉墓等大复制品的体验空间，可以近距离考察“黄肠题凑”的形制和样式，使得历史性和体验性并存，让建筑适度地表达遗址信息。构建与遗址历史环境、文化氛围息息相关的意境，营造幽深神秘的氛围，形成具有感染力的建筑空间环境。

设计评述

项目在定陶汉墓发掘的原址原位进行建设，做到了最大程度保护遗产、尊重历史，延续文脉，同时在审美趣味上又保持了时代的前瞻性；准确把握建筑的氛围和气质，形成了富有感染力的展览展示空间。在建筑的形式、结构、构造和空间的探索方面有一定的深度和创新性。建筑造型承接历史文脉，附会汉代陵墓常见的覆斗形，含蓄不张扬；内部展示空间和流线设计也颇为用心，采用倒叙的手法，让人流由下往上进行参观，欲扬先抑，由黑暗到光明，一步步引发好奇心，再一步步揭开珍贵文物的面纱，空间也豁然开朗。

方案指导人 • 李亦农

主要设计人 • 曾 旭 梁 昊

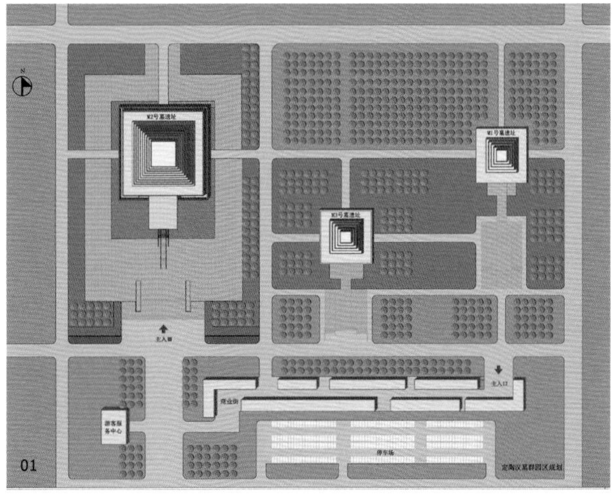

01

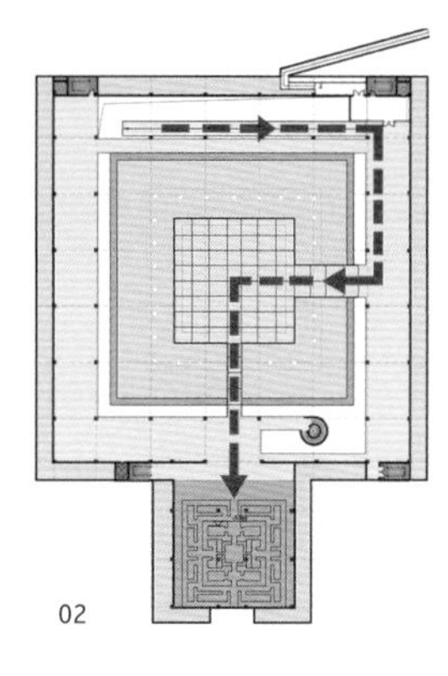

02

05

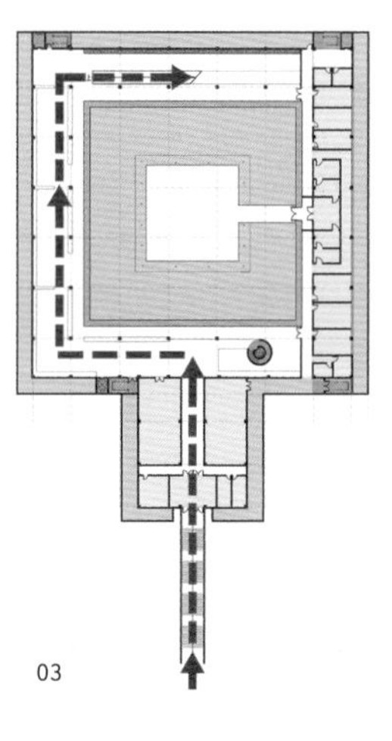

03

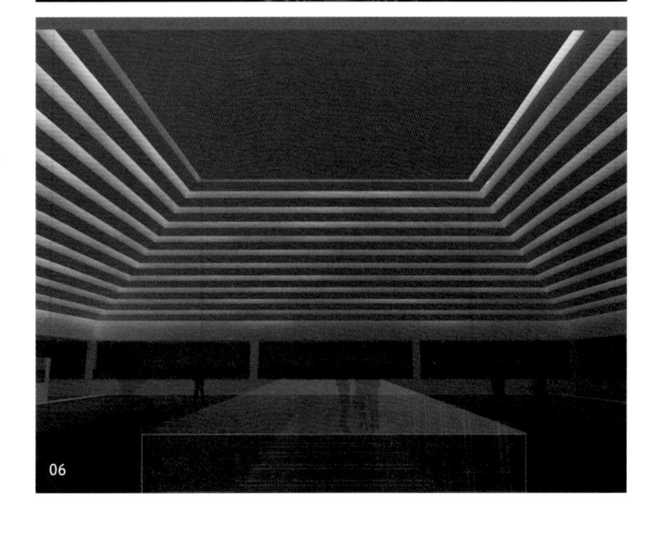

06

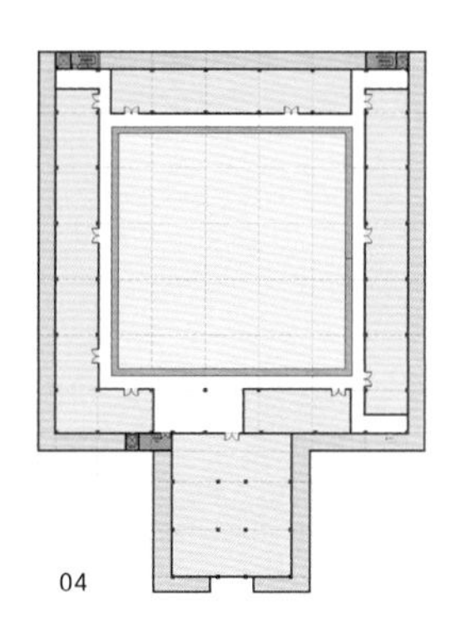

04

本页 01 规划平面图
02 地下一层平面图（主要展览层）
03 地下二层平面图（入口层）
04 地下三层平面图（设备层）
05 室外效果
06 室内屋面天光效果
07 模型

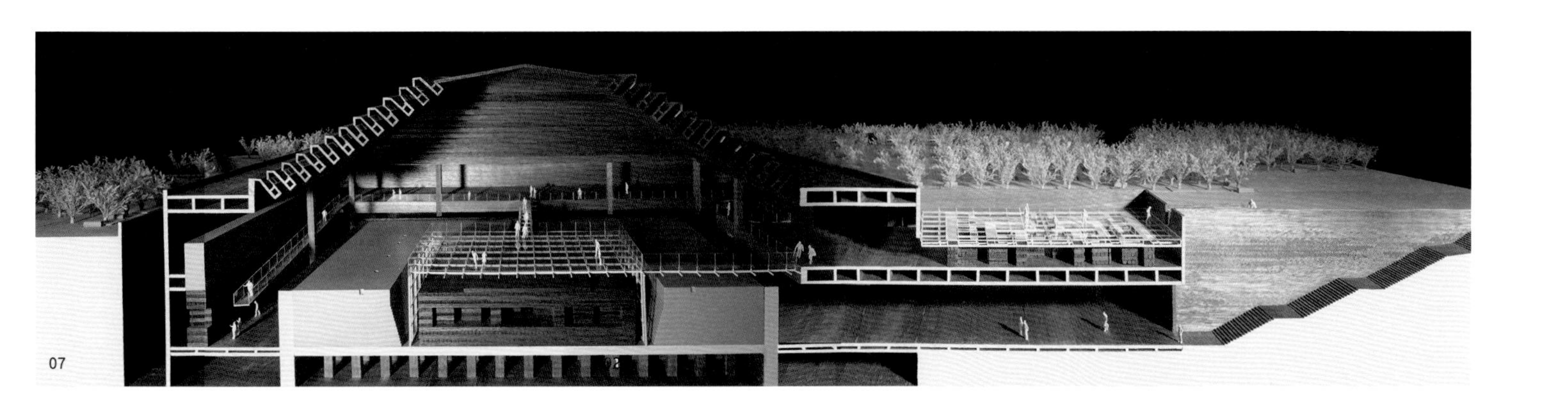

07

国家专利局天津中心

二等奖 • 公共建筑／一般项目
• 独立设计／未中选投标方案

项目地点 • 天津市东丽区
方案完成／交付时间 • 2014.11.01

设计特点

本项目位于天津市东丽区，基地南邻天津空港经济区和天津滨海国际机场，在华明工业园区中具有举足轻重的地位，由行政办公、审查业务、会议中心、人员活动、后勤保障等功能构成。设计采用北欧建筑的策略，将生态公园轻松宜人的理念与办公建筑稳重大气的风格有机结合，营造丰富的内部空间。设计以“智慧云”为创作主题，用“云”状的公共空间将办公空间串联，一条流线型的连廊使功能空间与内部环境水乳交融，整个建筑群整体连贯，使得办公空间通风采光良好、公共场所动感强烈。立面的细部表情整合内部功能，在视觉上得到了合理的反映，形成与整体建筑风格相对统一的立面肌理，加强了建筑内部空间的感知度。

设计评述

设计较好地协调创新与功能的要求，在满足了专利中心基本功能要求的前提下，营造了新颖有趣的办公空间，具有创新性。设计理念新颖，将人的行为方式与建筑空间布局有机结合起来。建筑空间架构将直线和曲线巧妙结合，给空间带来丰富有序的变化，也给人的行为活动带来很多种选择性。

主要设计人 • 刘志鹏　张　伟　谭　川　王　威

01

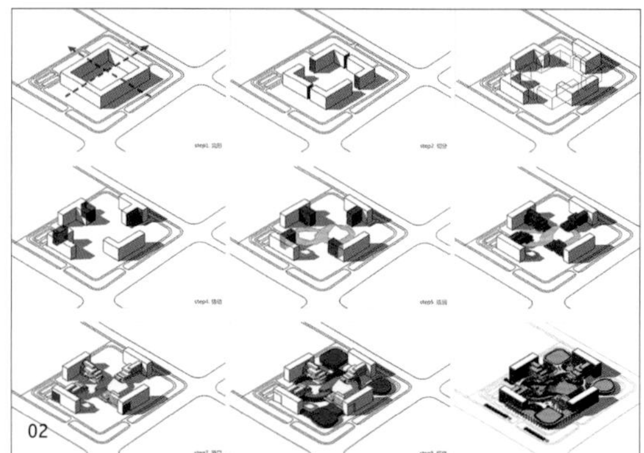
02

03

04

本页 01 鸟瞰效果
02 构型分析
03 模型
04 人视效果

中海•华山片区济南外国语学校项目

二等奖 • 公共建筑／一般项目
• 独立设计／中选投标方案

项目地点 • 山东省济南市历城区
方案完成／交付时间 • 2014.11.25

设计特点

项目位于济南市历城区华山片区，北临济青高速公路，南侧为华山和华山湖；定位为院落式学园社区，以契合济南外国语学校先进的教学理念。规划设计上采用紧凑布局的集约性塑造原则，以“中间区域”共用的策略，把图书馆、礼堂、体育馆等功能设置在小学、初中和高中的结合部，方便共同使用；尽量通过中轴线和庭院景观规划，以及局部架空和局部下沉等手法，构建丰富的自然形态和立体的开放空间；通过对庭院、局部放大走廊、角落空间塑造等，为学生创造更多的学习空间和交流空间，营造浓厚的学术氛围以及认同感、归宿感；在校园空间中，通过院落、楼梯、半下沉庭院等，创造更多的行为碰撞空间和多层次的交往空间。

设计评述

项目定位更准确、设计理念先进，无论在规划的总体布局与功能分区、出入口设置、交通组织、竖向设计、消防设计上，还是在单体功能安排、流线组织、日照考量、空间关系、结构形式、建筑形象、材料构造上，甚至与建筑相匹配的景观意向、操场等场地设计与人防的结合，以及节能与绿色技术策略的选取等诸多方面，都扎扎实实地解决了技术与功能的挑战。

方案评审人 • 崔　曦
主要设计人 • 王　飞　于晓丽　田　女
何洪印　姚　婕

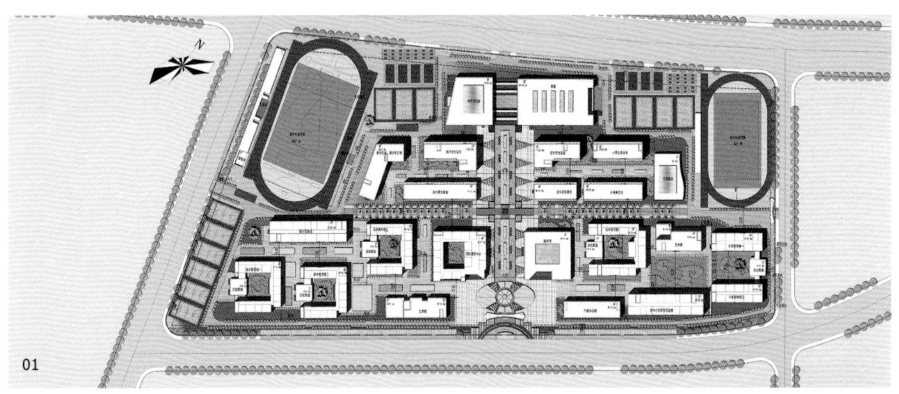
01

02

03

04

05

本页 01 总平面图
02 初中部庭院透视
03 高中部下沉广场透视
04 入口广场透视效果
05 整体鸟瞰

深圳国际农产品物流园西区

二等奖 • 公共建筑／一般项目
• 独立设计／未中选投标方案

项目地点 • 广东省深圳市平湖区
方案完成／交付时间 • 2015.02.07

设计特点

项目位于深圳中心市区与平湖区的交界处，长达五百米的城市展示面带来了难得的设计机遇，而传统物流功能与商业功能的叠加又成为新的挑战。为此，设计从如下几个方面入手，解决设计难点。（1）形态设计——采用“独立布局＋分期发展”、“保持领先＋内容变迁”和“体形完整＋逐渐高潮”三大策略；（2）流线设计——采用“高效节地”和“利用高差”两大策略。（3）采用“双环状商业动线”塑造前瞻性的商业空间；（4）经营“立面和色彩”，设计“6 大主题”、“ 3 千米无障碍坡道式购物”及“18 种海洋色彩”，打造全新商业空间。

设计评述

设计清晰而明快，形体和色彩与深圳的海洋气质相契合，有力地突出了企业的文化，成为彰显企业精神的符号。功能上分合有序，批发与商业区整合，强调了“电商时代”的共存和转化；办公、公寓和酒店区整合，互相呼应、互相依存，并成为形体的制高点。设计考虑了建筑风环境和光环境，结合建筑朝向、空气对流、太阳能、绿植、平台结合外遮阳、架空屋面＋雨水回收等绿色设计理念，顺应绿色建筑设计趋势。商业区的流线采用了“双螺旋流线”和“旺铺最大化”的设计，是对传统批发市场的变革，带来了效率上和体验上的创新。

主要设计人 • 王　戈　盛　辉　于宏涛　林　琳
杨　威　王裕国　马　笛　许雯婷

01

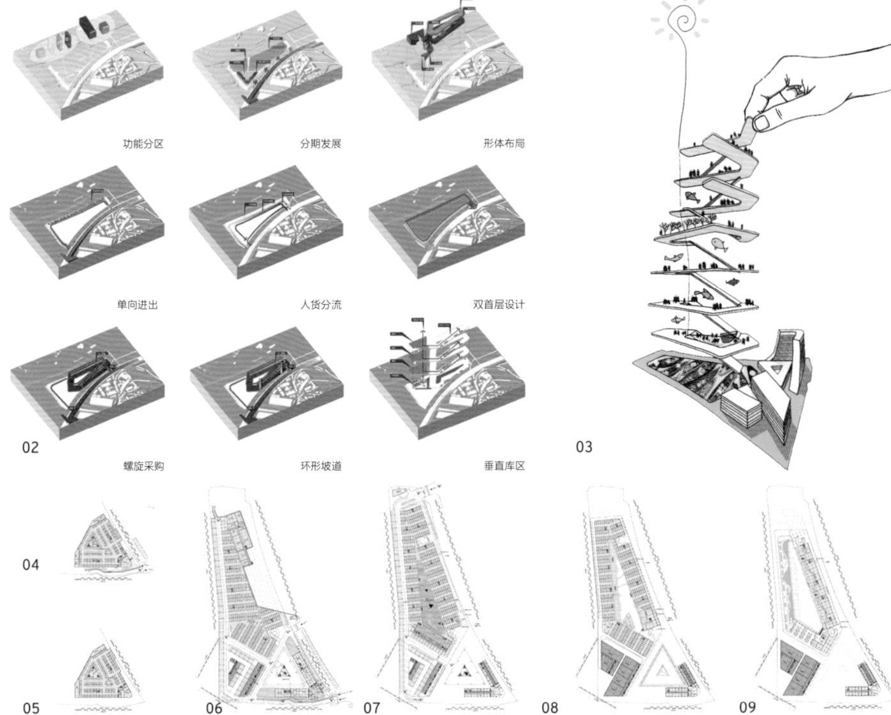

02　03　04　05　06　07　08　09

10

本页 01 鸟瞰效果
02-03 设计概念示意
04 地下一层平面图
05 地下二层平面图
06 首层平面图
07 二层平面图
08 五层平面图
09 六层平面图
10 批发交易大厅内庭效果

西双版纳凤凰谷旅游度假区总体规划设计

二等奖 • 城市规划与城市设计／一般项目
• 独立设计／中选投标方案

项目地点 • 云南省西双版纳市
方案完成／交付时间 • 2015.09.26

设计特点

西双版纳凤凰谷旅游度假区位于西双版纳市景洪旅游度假小镇，功能涵盖游客服务、主题公园、商业、酒店、公寓及居住等多项功能。在总体规划上，以“慢傣”为主题，规划结构为“一核三心、四区协同、两纵三横、区域协同”，将区域打造成为景洪市城市名片、生态宜居的养生圣地。

在“启动区”概念设计上，以“核心驱动、业态互促、水脉延续、有机缝合”为理念，规划“一心、两轴、五片区”，将“启动区”打造成为整个嘎洒镇旅游的先行地以及整个度假区的门户节点。

设计评述

对于这种规模大、基础差的旅游度假区规划，要结合当地傣式建筑风情，从如下几个方面入手塑造富有特色的度假区建筑风格的产品线：（1）根据空间容量、景观容量与游客容量等因素，合理控制建设规模；（2）完善路网结构；（3）深入设计水体景观；（4）创造符合需求、具有地方特色的建筑形态。

方案指导及评审人 • 黄新兵　吴英时

主要设计人 • 杨　苏　董　奇　郑　文　吴　霜　李劲夫　屈振韬　章文靓　戴聪棋　曹　佩　汤晓东　李亚菲

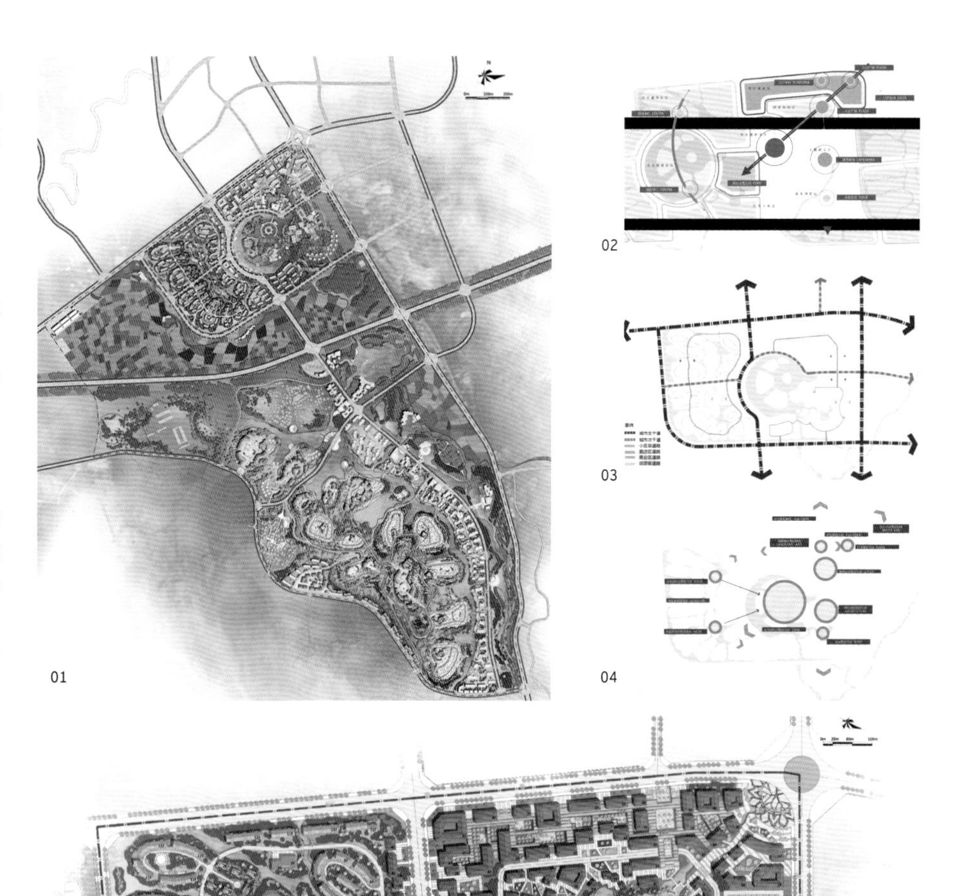

01 02 03 04 05

06

本页 01 总体规划总平面图
02 启动区规划结构分析
03 启动区道路交通分析
04 启动区景观绿化分析
05 启动区概念规划总平面
06 启动区鸟瞰效果

北京院 B 座办公楼装修改造项目

二等奖 • 室内设计／重要项目
• 独立设计／非投标方案

项目地点 • 北京市西城区南礼士路
方案完成／交付时间 • 2015.06.01

设计特点

老办公楼见证了北京市建筑设计研究院（简称北京院）在全面市场经济及快速城镇化进程背景下的不断进步与拓展，作为职业建筑师的办公场所，与当代设计师的审美标准及使用习惯已经相去甚远。本次改造工程涉及除主体结构和外幕墙之外的所有系统；其中，饰面工程、照明工程和空调系统是本次改造的重点。

改造工程包含旧楼的三层和四层。开敞办公区集中在核心筒南侧，从东向西贯通整层平面；核心筒北侧为开放区，以容纳展览、讲演等公众活动；东西两侧安排有大小会议室；更衣室、茶水间等辅助空间紧贴核心筒东西侧剪力墙，易达且方便使用；室内装修材料环保、素雅，使办公环境简洁、高效。

设计评述

本案需要解决有限的空间内，人员较多、使用功能性强的矛盾。为此，通过紧凑有序的工位布置、开敞式布局、玻璃隔断等方式，处理好工作、交通及空间的延续性关系。有限的空间里，仍坚持设置了较大面积的开放区，为举办小型公共活动、展示设计作品、接待外来人员等提供了良好的空间环境和场所。色彩设计与灯光效果也是本方案的一大亮点，不仅适合设计师长时间工作，也使得工作区格调雅致。

方案指导人 • 马 泷
主要设计人 • 王 伟 杜 月 张 涵 徐 珂

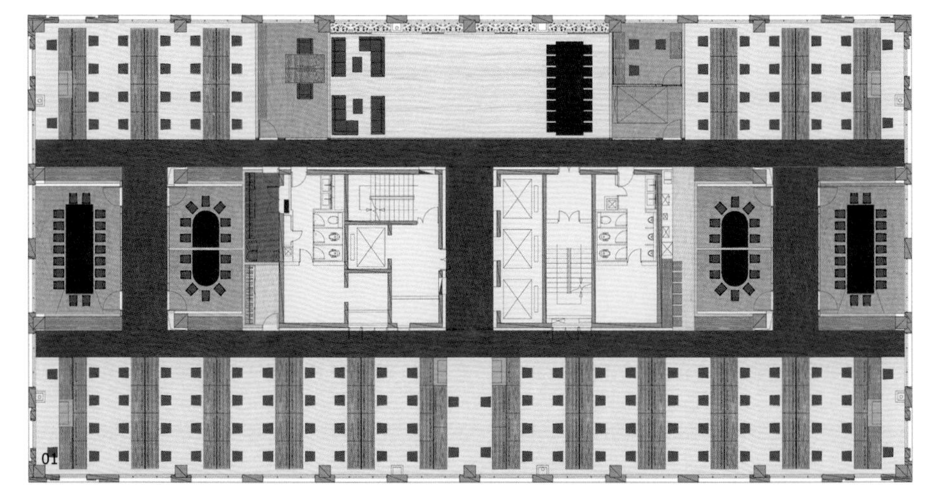
01

02

03

04

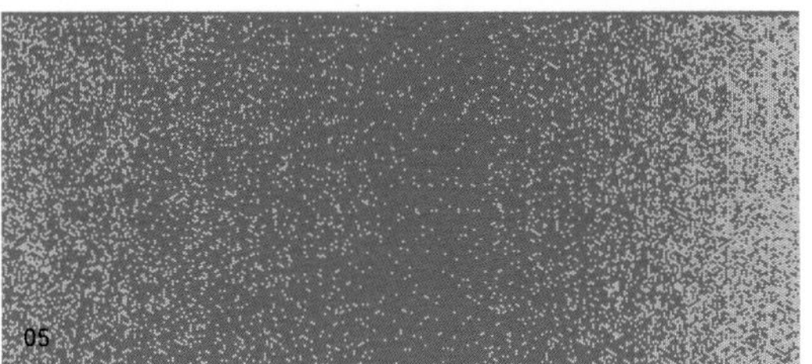
05

本页 01 平面图
02 多功能公共区
03 开敞办公区
04 小会议室
05 隔断图案

三亚伟奇温泉度假公寓项目

二等奖 • 居住建筑及居住区规划／一般项目
• 独立设计／非投标方案

项目地点 • 海南省三亚市南田温泉国际热带风情旅游城
方案完成／交付时间 • 2015.04.14

设计特点

项目位于三亚市南田温泉国际热带风情旅游城，用地周边拥有大型医疗热矿水田，地理位置优越。用地形状呈长方形，包括酒店、酒店公寓、多层住宅、高层住宅以及叠拼住宅。根据场地地势高差，将用地划分为三个区域，东西两端分别形成以高层为主的组团，中间较大尺度的景观绿地为营造高品质社区环境提供条件，中间以多层花园洋房及叠拼产品为主。在户型设计上将通透灵动的设计理念贯穿于户型设计始终。在各类型的户型设计中，采用符合三亚特色的入户的花园以及露台、阳台空间，户型适合项目本身特点。

设计评述

方案设计依据地势，注重结合当地人文、气候及文化特点，使建筑与地形环境结合、与园林绿化景观结合。建筑形式、体量、风格、色彩，充分体现当地地域文化特点。单元户型平面通透，南方户型特色明显。园林绿化景观结合建筑布局精细设计，旅游休闲度假产品的价值突出。

方案指导及评审人 • 高羚耀　张立军　冯冰凌　张　凤
主要设计人 • 姜　琳　陈晓悦　马　楠　赵泽宏
李俊志　王　伟　曹　鹏　孟翔昊

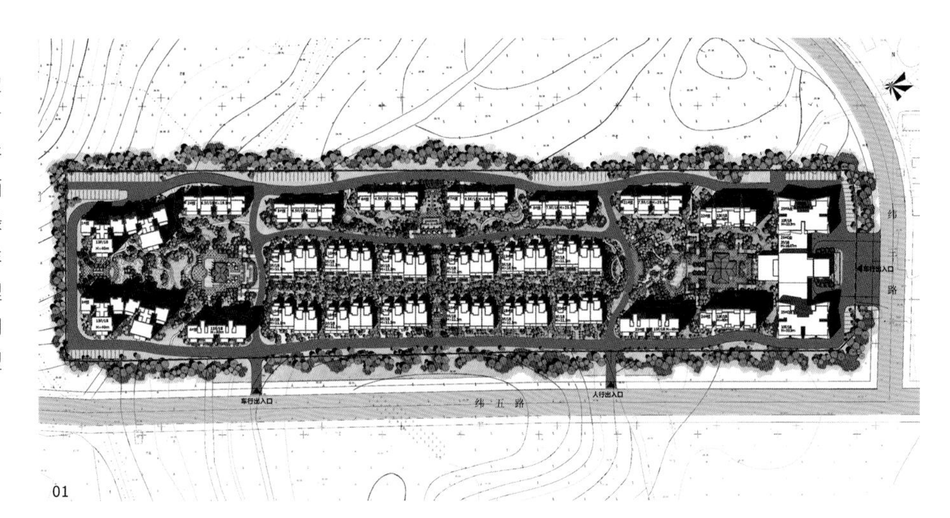

01

02

03

04

05

06

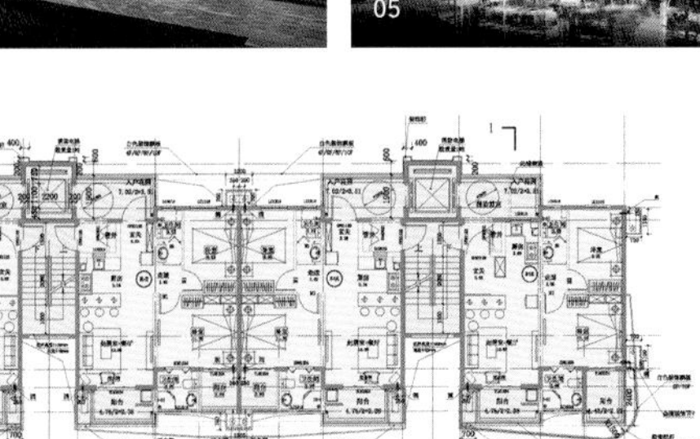

07

本页 01 总平面图
02 会所入口人视效果
03 叠拼南侧人视效果
04 22# 楼人视效果
05 1# 楼人视图效果
06 叠拼首层平面图
07 22# 楼标准层平面图

咸阳市体育场方案设计

二等奖 • 公共建筑／一般项目
• 独立设计／未中选投标方案

项目地点 • 陕西省咸阳市北塬新城
方案完成／交付时间 • 2015.05.20

设计特点

方案以秦简、汉壁、阿房宫的剪影作为设计意象，通过整体建筑造型、建筑立面取得含蓄而内敛的呼应，力求做到形异而神似。设计表达了如下四个理念：（1）城市动感画卷——体育场南临城市主干道，作为重要的标志性建筑，建筑主体通过外立面的光影处理和内嵌图像处理，给行人以立体动态画卷的丰富别样感受；（2）步移景异——体育场立面上的“竹简”正反面的材质加以区分，并在表面精心布置颜色变化，既有咸阳传统文化的符号也有运动的元素，真正做到步移景异；（3）相生相融——建筑的总图、屋顶造型、立面处理上均呼应了“融”的理念，通过绿化与广场、不同颜色的建筑构件组成或虚或实的旋转与融合的造型；（4）精巧结构——体育场屋顶结构结合造型采用悬索结构，屋盖的竖向支撑体系采用类似“V”形柱的飘带柱，造型美观轻盈，受力体系合理成熟。

设计评述

本方案造型简洁，与周边建筑风格协调，整体方案有特色但不张扬、不造作。为了突出当地的文化特色和地域特色，采用特殊的立面处理方式，可以在建筑立面上若隐若现地展现出文化特色的画卷，同时又可以做到步移景异，在体育建筑的造型处理中较为有新意。屋顶形式采用张弦梁结构，轻盈且与整体建筑风格相统一。

主要设计人 • 付毅智　李　文　崔　迪　冯　阳
杨国滨　徐中磊

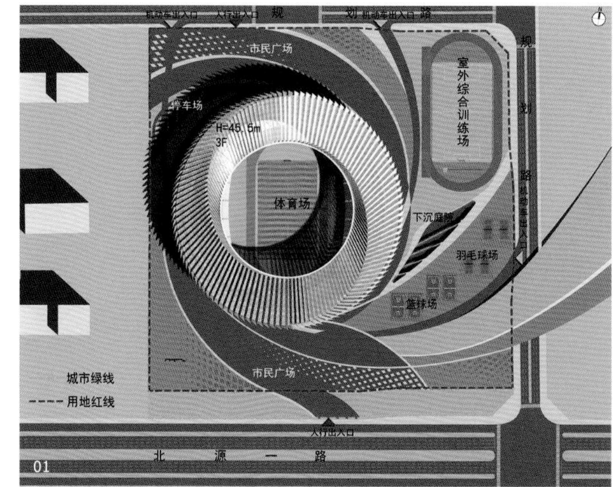

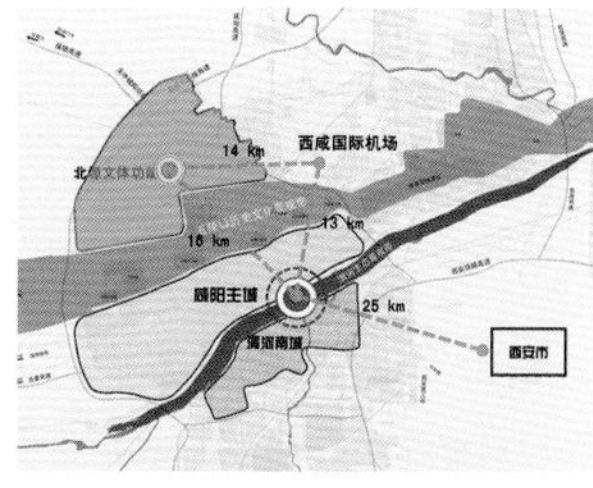

本页 01 总平面及区位分析图
02 鸟瞰效果
03 内景效果

又见马六甲大型演出项目剧场设计

二等奖 • 公共建筑／重要项目

• 独立设计／非投标方案

项目地点 • 马来西亚马六甲州

方案完成／交付时间 • 2015.03.30

设计特点

项目位于风景秀美的马六甲海岸，蜿蜒舒展的建筑立面仿如漂浮在海边的轻云。剧场北侧 50 米宽的景观步道提供了开阔舒适的入场环境，进入的第一个区域是结合马六甲当地街景的观众互动舞台。观众席可 360 度灵活旋转，围绕观众席分别布置了 5 个不同场景的舞台，每个方向都为观众呈现出最具特色的景致。

建筑立面由两条即对应又差异的曲线构成，看似开放的外表皮在勾勒出丰富灰空间的基础上其实与 5 个舞台紧密结合。面朝大海的舞台外立面随曲线自然掀起，墙体可机械开启，为演出提供了舞台布景最终与自然海景交融一色的可能。外表皮由 3 万多个大小变化的瓷盘组成，瓷盘上绘青花纹或具有当地文化符号的图案，是马来西亚多元文化和谐共存的体现。

设计评述

设计理念和规划思想都很超前，与马来西亚当地气候特点相适应，外立面美观、开敞、通风、透气；设计与演出环节结合紧密，功能与形体关系处理得当，流线清晰、结构完整；设计中立意表达巧妙，使“中马”友谊、马六甲复杂多元的文化背景、中国特色等多重主题都得以很好地体现；与地域的融合和提升处理到位，通过对当地建传统筑风格、民俗特点等研究，提炼和升华出具有现代风格、结合现代建造工艺的全新设计方案。

主要设计人 • 朱小地　高　博　罗　文　贾　琦
孔繁锦

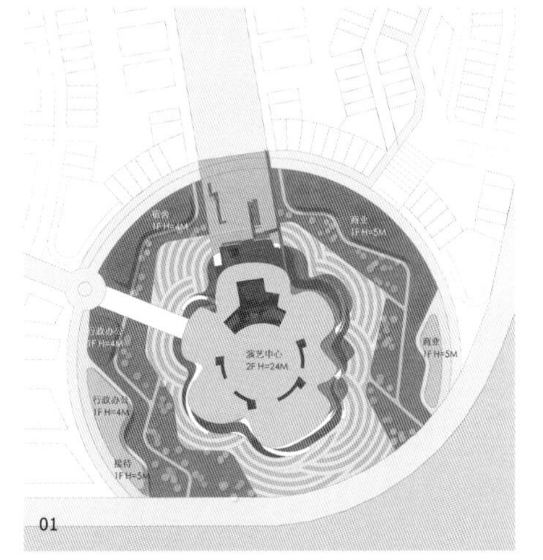

01

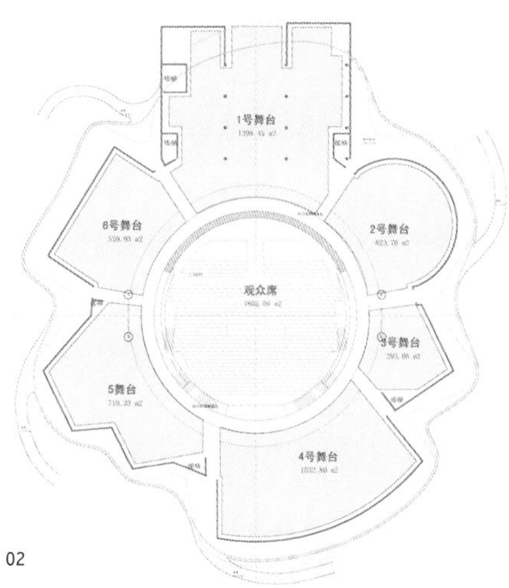

02

03　04

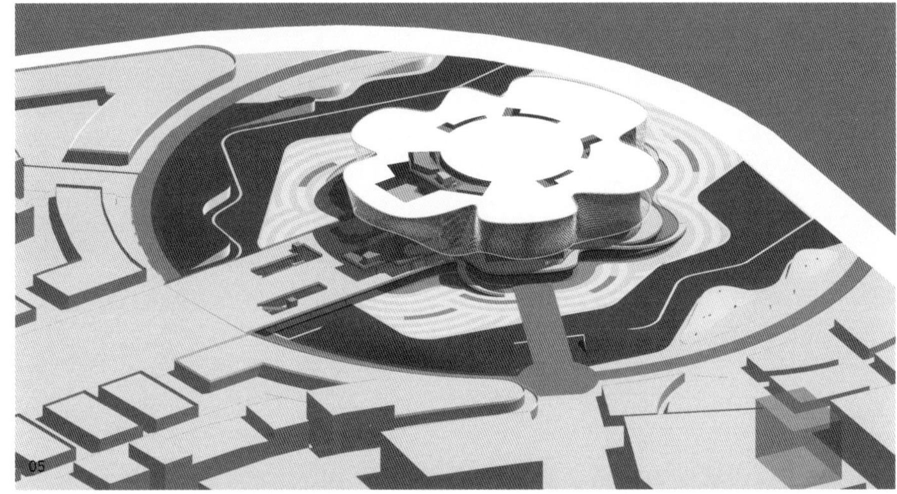
05

06

本页　01　总平面图　　04　立面图
　　　02　平面图　　　05　鸟瞰效果
　　　03　剖面图　　　06　夜景表现效果

大兴区 A-03-02 商业金融项目（第二轮）

二等奖 • 公共建筑／一般项目
• 独立设计／工程设计阶段方案

项目地点 • 北京市大兴区采育镇
方案完成／交付时间 • 2015.04.15

设计特点

设计采用“新中式”手法，在建筑形式上保留中式建筑典型的坡屋面，并在细节处表达中国传统文化衍生而出的纹理、纹样；而在建筑体量处理上则采用现代建筑的表达方式，力求使建筑体现出传统与现代的交融和统一。在主材的选择上保留传统建筑黑、白、灰的对比关系，而辅材选用米黄色石材、紫铜装饰，配以大量的绿化和灵动的景观，力求展示现代生活中的一种文化“回归”。

设计评述

方案将中国传统建筑形式进行了提炼，与现代建筑语言巧妙结合在一起，很好地运用“新中式”设计手法诠释了办公建筑。建筑与环境和谐地融合，绿色生态办公环境表达得清晰完整。在建筑形体塑造较为完整的情况下，注重装饰构件的细部处理，使之在不影响大关系的前提下提升建筑整体气质。设计将水体引入区域内部，形成贯通的水体景观。

主要设计人 • 李 军 田卓勋 甘 超 李 磊
郭鹏伟

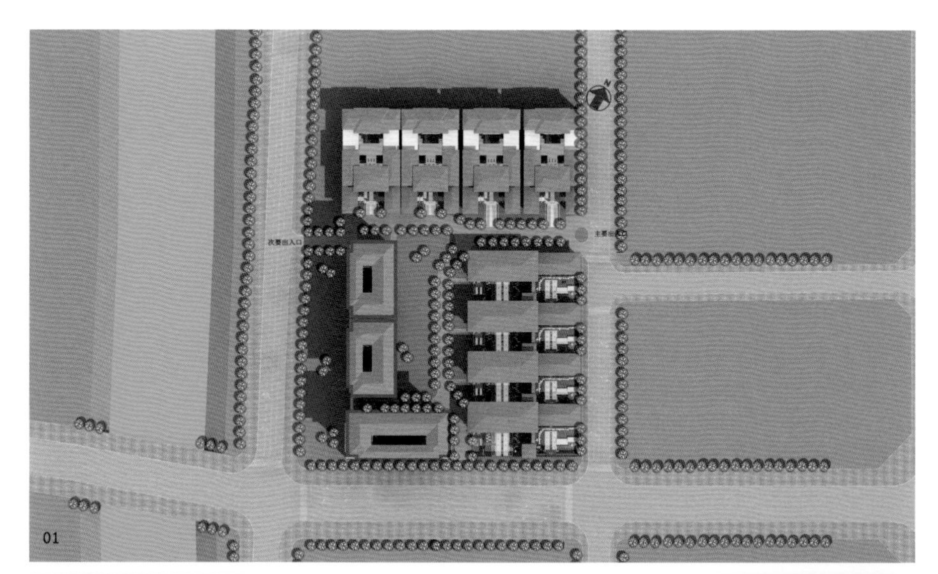
01

02

03

04

05

06

本页 01 总平面图
02 1# 办公楼南向效果
03 内景效果
04 1# 办公楼内院西南效果
05 10# 办公楼顶层合院效果
06 5# 办公楼南向效果

北京市大兴区采育0005地块售楼处

二等奖 • 居住建筑及居住区规划／一般项目
• 独立设计／工程设计阶段方案

项目地点 • 北京市大兴区采育镇
方案完成／交付时间 • 2015.03.07

设计特点

项目位于北京市大兴区采育镇，以传统中式建筑的院落及府邸为设计元素，通过现代建筑设计的手法及材料进行升华与创新，使得中式院落形象有了时代化的诠释，成为地块中重要的标志符号。设计体现四合院的空间特点，以院落组织空间、通过强调中国传统建筑的礼仪性和空间序列感，打造尊贵府邸形象；采用串联式的交通组织，路线清晰，简明高效；运用北方民居的传统色彩组织立面色彩，主要以灰色、白色为主；材料的组织配合内外两层院落的空间对比。

设计评述

设计对现代中式做出了探讨，设计深度和完成度较好，如：从入口开始便通过院落的序列串联各个功能空间，由辅到主，由浅入深，并逐步达到空间体验的高潮；通过院落的更迭与室内外空间的转换，实现建筑与景观的交互，增加空间趣味性；外部院墙为混凝土框架配合砖幕墙，装饰线条为芝麻灰花岗岩挂贴，在主入口位置结合实木门设计；内部院落墙面以白色质感涂料及玻璃幕墙为主，体现了选材的功力。

主要设计人 • 王 戈 杨 威 李鹏天

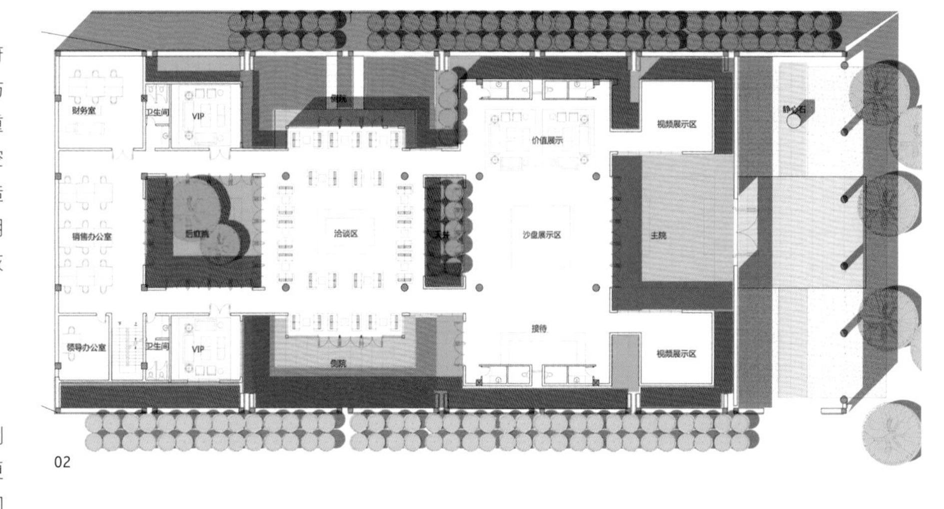

02

03 04 05 06 07

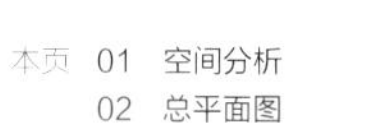

本页 01 空间分析
02 总平面图
03 主入口进入庭院效果
04 主入口角度透视效果
05 展示区入口透视效果
06-07 细部设计
08 内院主入口灯光效果
09 砖幕墙做法

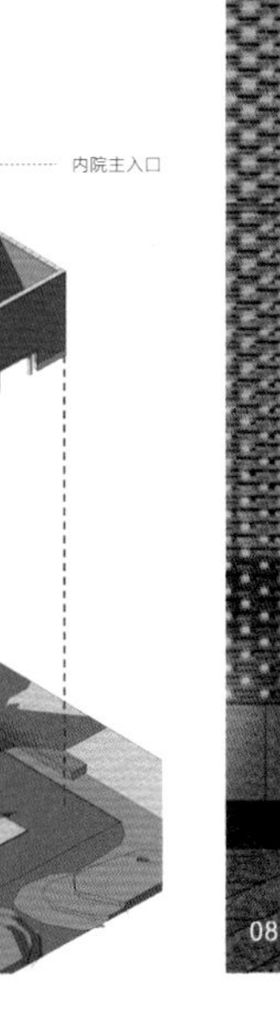

01

08

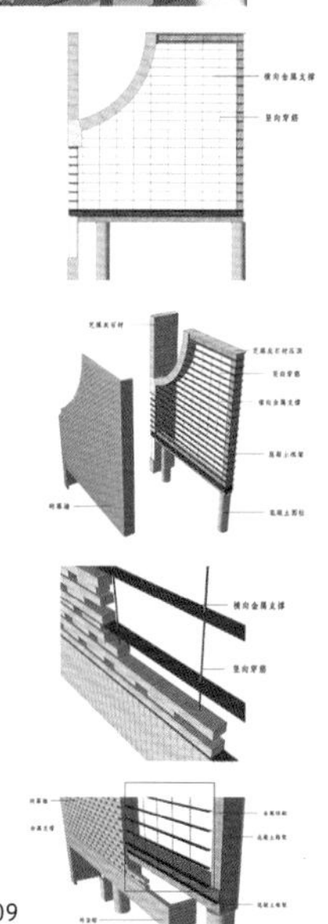
09

国奥·三生农业·扎龙国奥农驿项目

二等奖 · 居住建筑及居住区规划 / 一般项目

· 独立设计 / 非投标方案

项目地点 · 黑龙江省齐齐哈尔市

方案完成 / 交付时间 · 2015.06

设计特点

项目靠近齐齐哈尔扎龙湿地，接近原生态资源环境、本源生活状态，目标为具有吸引力的旅居度假养生社区——“可以吃的小镇”。规划环状水系贯穿基地，联系独栋农驿组团，既呼应基地水资源丰富的条件，也给缺少水系的齐齐哈尔住区带来新鲜元素；独栋组团均有私家水岸、大面积私属田园，与叠拼、联排组团形成差异。设计借鉴齐齐哈尔当地少数民族民居特点，引入同分异构的概念，衍生为设计元素的重复性和差异性，并通过“十字交叉”、“上下叠错”及“合院围合”，创造出全新的农驿产品，并赋予建筑“连续而变化”的立面形象；结合“食育社交”概念，构建了“植物工厂”、“玉米汇”和“食材之家”三座造型各具特色、功能上相互支持的社区公共建筑。

设计评述

本案是一个兼具研究和开发性质的设计项目。项目基于区域价值和区位分析，得出项目面临吸引力不足的问题。因此，参照英国托德莫登小镇（Todmorden），给出“可以吃的小镇”的定位；在通过用地和环境资源条件的分析，从土地和项目逻辑的思路找到了适合的聚落和水系形态；产品上结合当地民居元素，以“十字咬合”、“同分异构”及“合院”的空间手法创新产品系列；并且结合规划进行了“可以吃的小镇＋食育社交网络”的构建，结合客群分析讲述农驿故事，并给出了“食育地图”。这是一个非常具有逻辑性、研究性和创新性的设计。

方案评审人 · 崔 曦

主要设计人 · 王 飞　杨彦琴　于晓丽　胡志磊

田 女　姚 婕　南雪倩

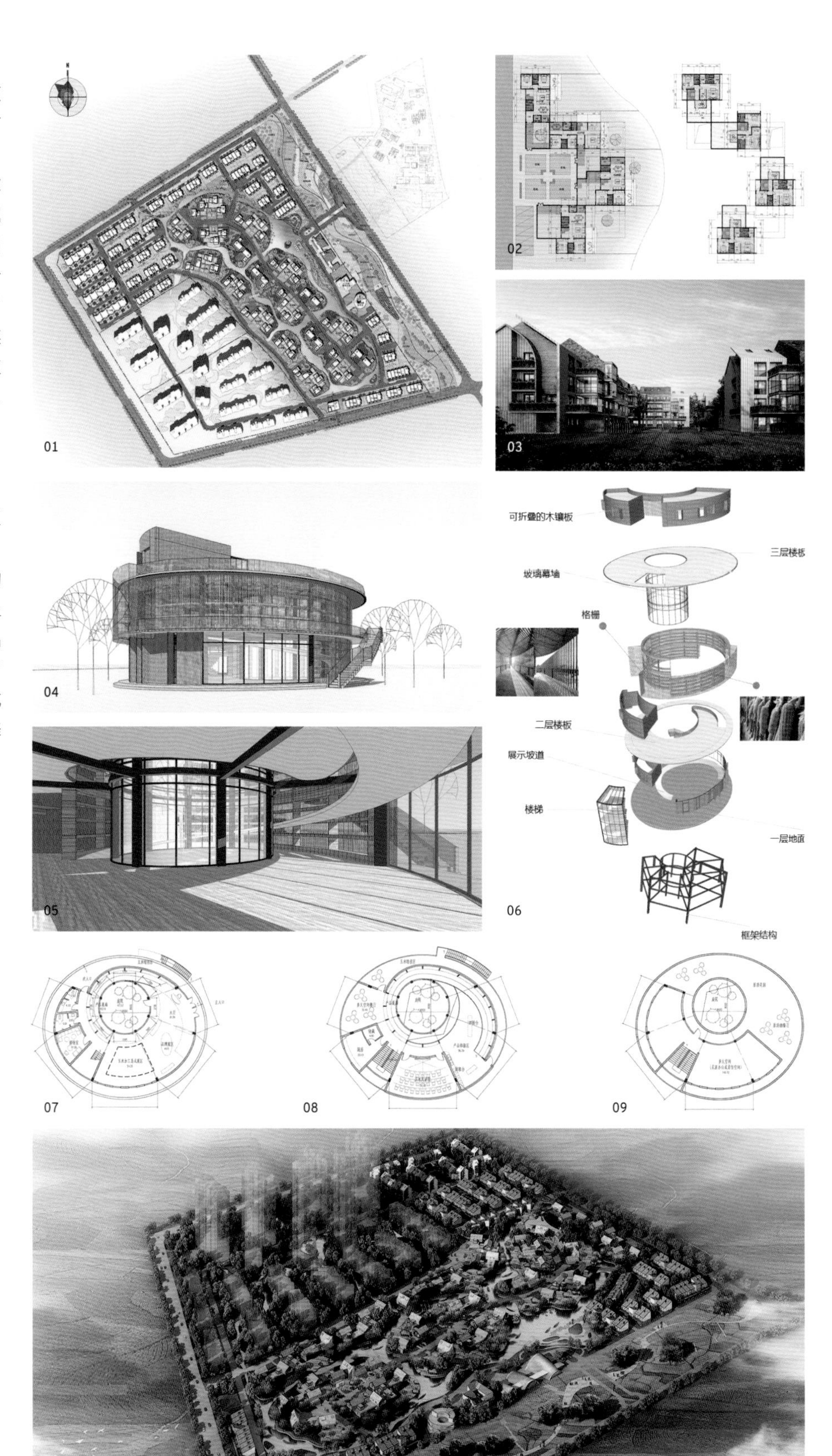

本页 01 总平面图

02 合院农驿组团平面图

03 合院农驿组团示意

04-09 玉米汇室内外效果及各层平面图

10 整体鸟瞰效果

京承高速怀柔站改造工程

二等奖 • 公共建筑／重要项目
• 独立设计／非投标方案

项目地点 • 北京市怀柔区京承高速十四号出口
方案完成／交付时间 • 2014.08.30

设计特点

项目位于京承高速路 14 号出口，南侧为怀柔桥，原由进京方向和出京方向两个收费站组成，形象单调，造型简单。改造方案对两个小的收费站进行体量整合，完整的体量可以更有力地表达北京怀柔的“APEC”会址形象。收费站顶部天棚以一个二维曲面沿水平方向展开，中间低四角高，四条边线以曲线代替，形成一个四角翘起如同古建屋顶翘角的形象。顶棚下部的木色铝格栅按不同高度纵向排列，在檐口处以既定的角度倾斜处理。错落排列的格栅既是对传统建筑斗栱的一种现代的诠释，又是对怀柔崇山峻岭的一种全新的表达；而顶棚与格栅共同形成了中国传统古建筑屋顶飞檐的形象，也契合了“APEC 会议中心”的建筑形式。

设计评述

对顶棚进行不同弧度的尝试，四条边线做弧线处理；顶棚檐部细节处理参照传统古建筑檐口，尝试重檐的形式；顶棚幕墙分格根据格栅排布以及结构网架细化处理；造型格栅的排布可以模拟怀柔的山形进行高低起伏变化，檐口处效仿斗栱进行收分处理。这些处理，不仅使新收费站面目一新，而且具有时代精神。

方案指导人 • 徐聪艺　孙　勃　张　耕
主要设计人 • 李瀛洲　李学志　范　劼　王蓓菲

01

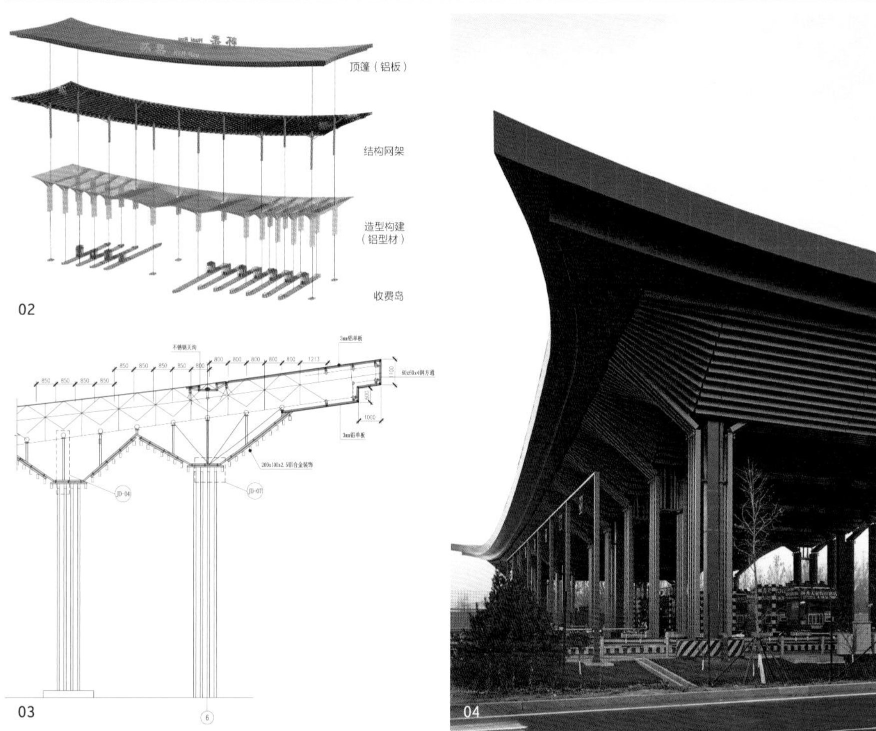

02

03

04

05

本页 01 人视实景
02 立体分解图
03 收费站节点大样
04 檐口处理
05 夜景

中冶建筑研究总院园区概念规划

二等奖 • 公共建筑 / 一般项目
• 独立设计 / 未中选投标方案

项目地点 • 北京市海淀区西土城路 33 号
方案完成 / 交付时间 • 2015.05.06

设计特点

该项目为中冶建筑研究总院（简称“中冶院”）园区的改造概念规划及一期设计方案，设计理念为“从传统研究院到崭新研究园区的转变，创造一个有‘大师大家’的学校型建筑院落”。设计着重处理如下几个方面：（1）策划定位——基于当下的创业时代和基地周边高校云集的特征，营造学府中的办公园区；（2）模式业态——办公上化整为零、灵活多变，商业业态满足创业和日常配套双重需求；（3）文脉——尊重原有城市、园区的肌理和尺度关系，对元大都城垣遗址公园形成充分保留，并延续原有院落格局，留存记忆；（4）景观——横向上利用与公园的接驳长度优势与其进行无缝对接，竖向上利用建筑技术手段实现从地下到空中的景观化处理，实现绿色环保。

设计评述

项目的设计特征为学府中的办公园区，拥有清新自然的环境氛围、开放互通的空间格局、模块化的出租单元，以及集约化的功能配套。设计在“自用的传统办公”、“高科技未来企业”和“年轻人的创业集群”三种模式下进行变通和转化，从传统研究院到崭新研究园区，再到有“大师大家”的校园型建筑院落，保留了部分原有办公楼进行改造，符合建筑的再利用原则。建筑色彩来自于“中冶院”既有的色调。设计考虑了建筑风环境和光环境，落实绿色设计理念，顺应绿色建筑设计趋势。

主要设计人 • 王　戈　张镝鸣　盛　辉　李鹏天
马　超　于鸿飞

01

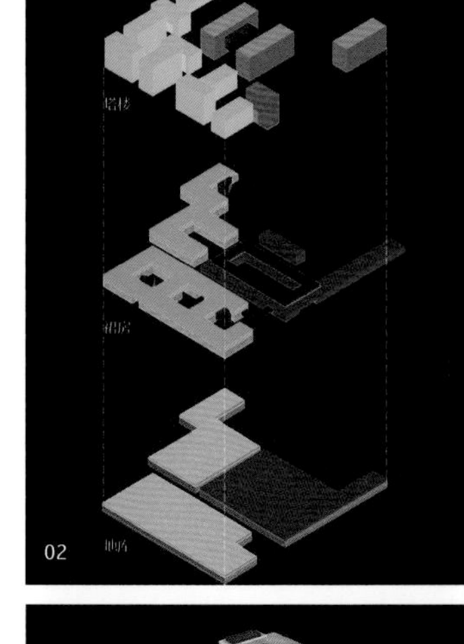
02

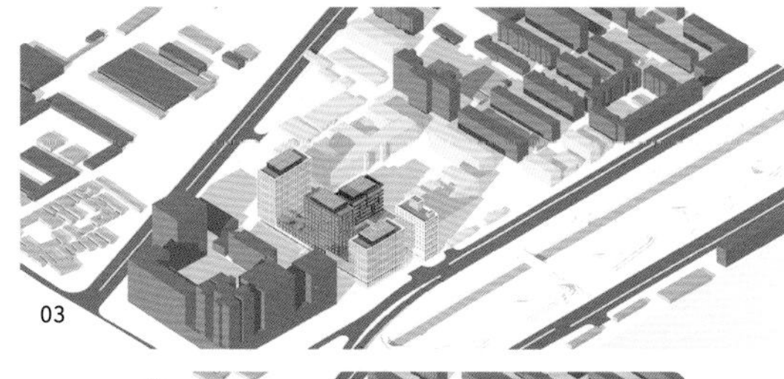
03

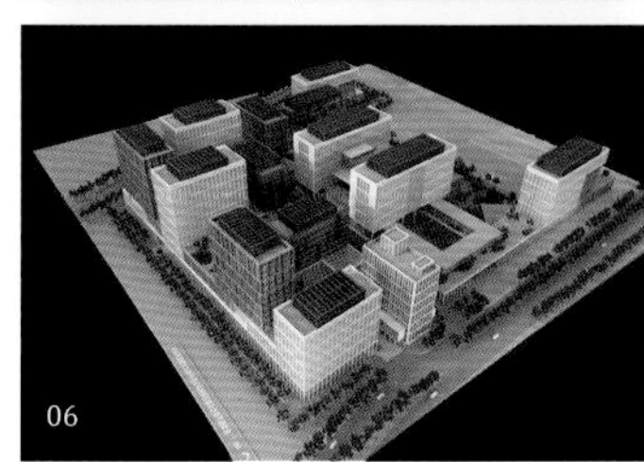
06

04

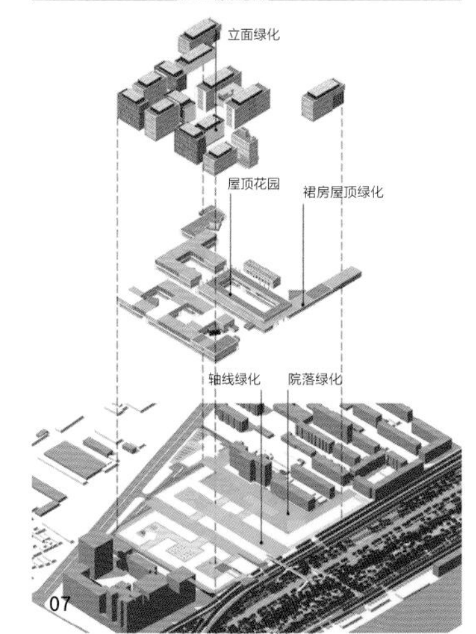

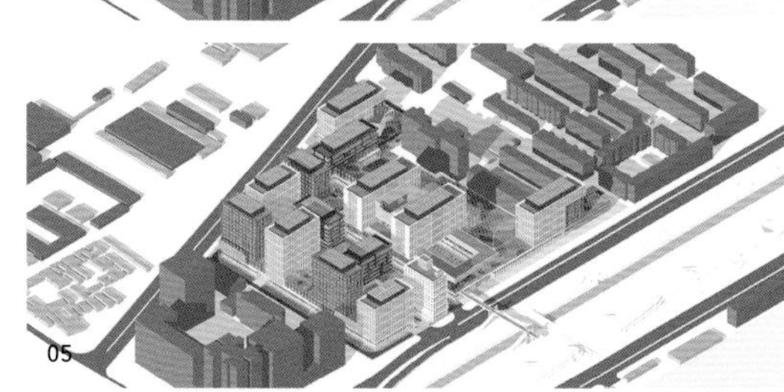
05

07

08

本页 01 总平面图　　06 模型
02 功能布局　　07 景观分析
03-05 分期建设　　08 东侧鸟瞰效果

北京银行顺义科技研发中心

二等奖 • 公共建筑／一般项目
• 合作设计／非投标方案

项目地点 • 北京市顺义区
方案完成／交付时间 • 2014.01.21

合作设计 • SOM

设计特点

项目位于北京市顺义区顺义新城，在南北向短、东西向长的用地内，采用分散布局以期最大限度地满足争取南北朝向的需求，并确保建筑主体的自然采光和通风，使其形成一组主次分明，错落有致的建筑群。围合型建筑布局方式的应用，使东西两端的建筑成为两地块的标志性建筑，且使有利于组织场地通风。中央景观区东西贯通，为景观小环境创造良好条件。立面元素统一采用标准的竖向格栅，通过体块的错动产生变化，增强建筑的趣味性。园区视觉中心位于主楼，通体的双层玻璃幕墙使建筑显得更加晶莹剔透，技术与艺术得以“双重”表现。

设计评述

场地周边属于新兴建设区域，各种市政设施在同步建设中，用地东西方向较长、南北较窄，中间有一条市政公路穿越地块。如何处理好不同功能用房的布局，及有效地将两地块连接起来是本方案的亮点。

方案指导人 • 张　宇　马国馨
方案审定人 • 柯　蕾
主要设计人 • 檀建杰　彭　勃　靳江波
柴星汉

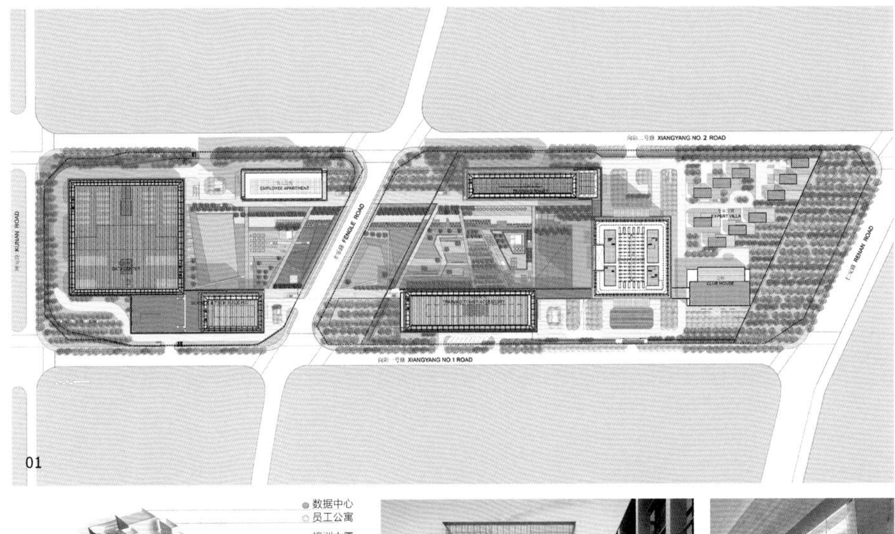
01

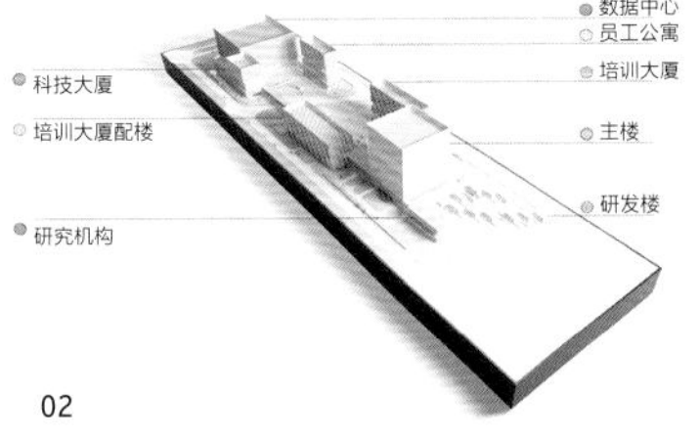

02

04

05

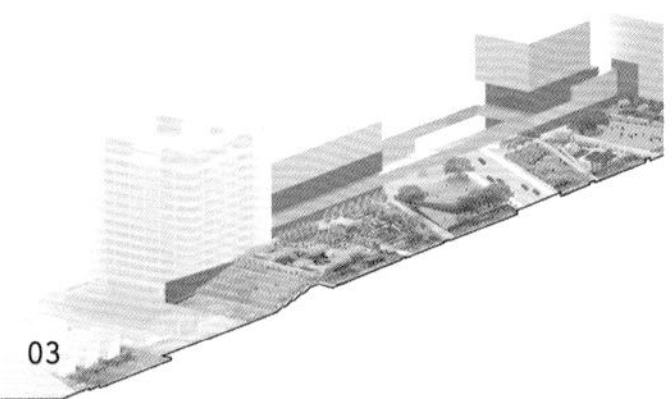
03

07

06

08

本页 01 总平面图
02 功能布局分析
03 中心区景观设计
04 主楼西立面效果
05-06 主楼大堂效果
07 中心景观效果
08 鸟瞰效果

第十一届中国国际园林博览会园博园总体规划

二等奖 • 城市规划与城市设计／重要项目

• 合作设计／未中选投标方案

项目地点 • 河南省郑州航空港经济综合实验区

方案完成／交付时间 • 2015.02.06

合作设计 • AGENCT TER

设计特点

项目位于郑州航空港经济综合实验区南部生态城核心区，西临“南水北调”工程，并与苑陵故城相接，场地为大片农田。设计提取“空”的现状形态，以大尺度的水面为核心，保持土地和自然的本态与明净；贯彻“水陆相生”的理念，规划一条几何化的环路串联各个岛屿。岛上园林和建筑有机结合、错综有致、移步异景，展现了自然空间的变幻之美。设计突出以下三个方面：（1）以“慢排缓释”、“源头分散”为规划理念，拟建一个属于空港实验区的“城市海绵体”；（2）为适应年份的不同和季节的更迭，将水位变化与景观因素结合，通过“河滩地”弥合水体与岛屿；（3）“后园博园”时期，水域周边的景观生态岛将演变为城市绿洲，进一步与城市肌理紧密衔接。

设计评述

设计概念清晰明确；功能布局方面突出“空”的概念；景观种植方面注重公共区景观的环境塑造与特色打造；关注“后园博园”的使用，注重生态景观更好地为市民服务的可持续性。

方案指导人 • 徐聪艺 孙 勃 张 耕 白祖华

主要设计人 • 孙小龙 王立霞 王 丹 刘 璐 李 帅 王 彪

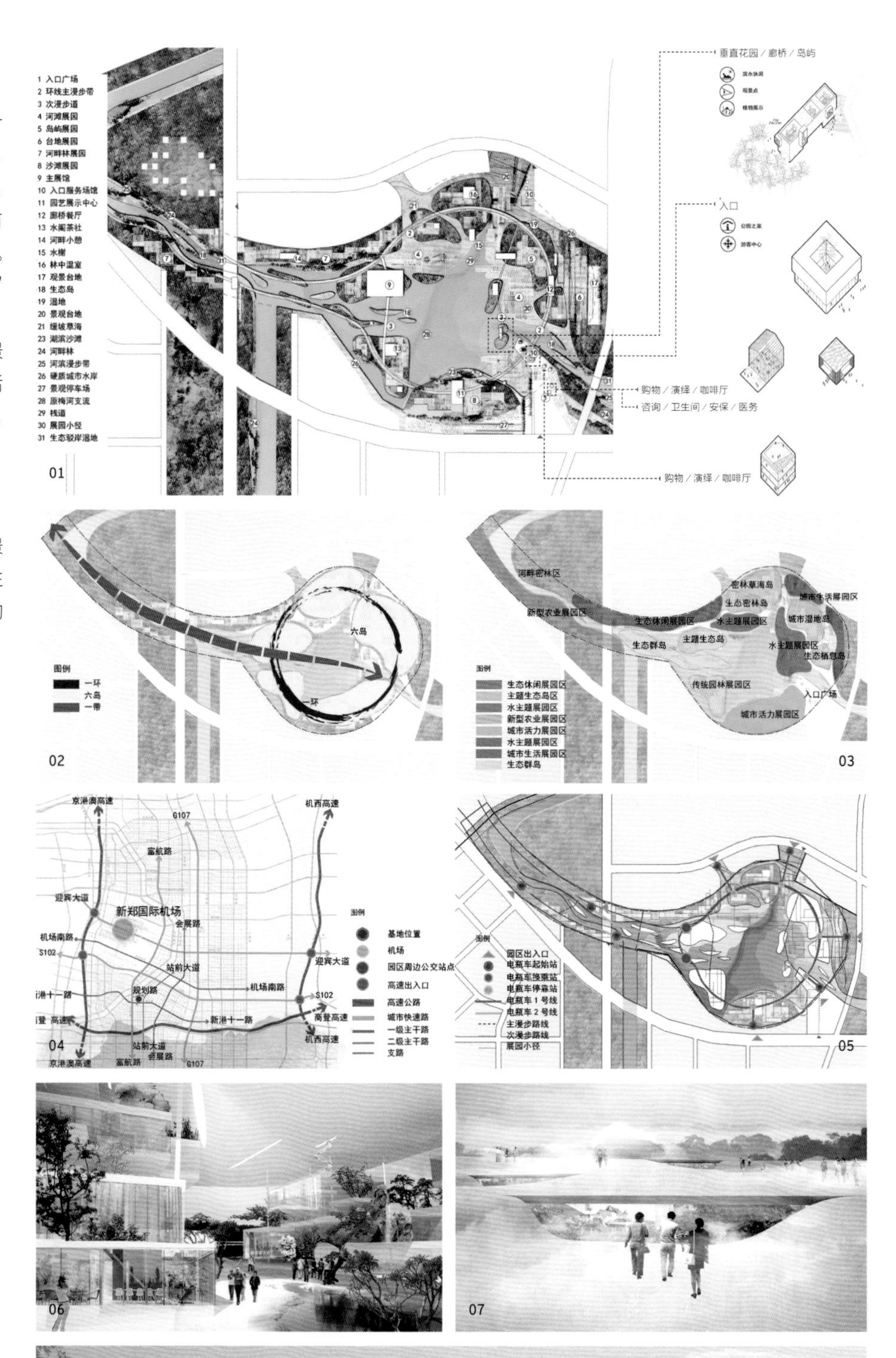

本页 01 总平面图
02 总体规划结构
03 规划展园分区
04 外部交通规划
05 内部交通规划
06 主展馆室内效果
07 主展馆屋顶人视效果
08 主展馆室外效果

广西钦州东盟生态园办公楼设计

二等奖 • 公共建筑／一般项目

• 独立设计／工程设计阶段方案

项目地点 • 广西壮族自治区钦州市东盟生态园

方案完成／交付时间 • 2015.05.06

设计特点

项目为东盟生态园一期办公楼，是集办公、接待与展示一体的多功能建筑。在定位上为多功能建筑，考虑日后多种需求；在模式业态方面，办公区化整为零、灵活多变，对传统型和创客型办公做出回应；注重地方资源，使建筑成为漂浮在水面之上的景观建筑；利用处于景区之中的优势，以开放的姿态融入景观之中；采用白墙、灰格栅的设计元素，准确地响应了当地传统文脉。

设计评述

建筑融于景观之中，以开放的姿态回应了得天独厚的自然风光。设计手法宜办公、宜度假，为多功能使用提供了现实的可能性。

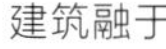

主要设计人 • 王　戈　杨　威　王伯成

本页 01 总平面图
02 主楼鸟瞰
03 主楼侧立面
04 整体鸟瞰效果
05 主入口庭院
06 主入口透视
07 主立面透视
08 从河岸看建筑
09-10 建成实景
11 首层平面
12 地下一层平面

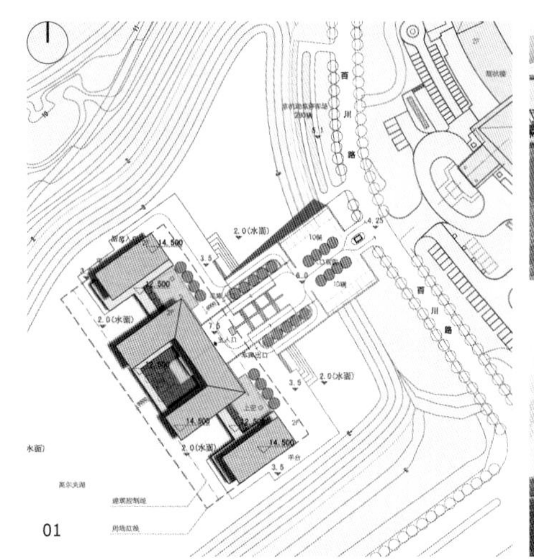

01

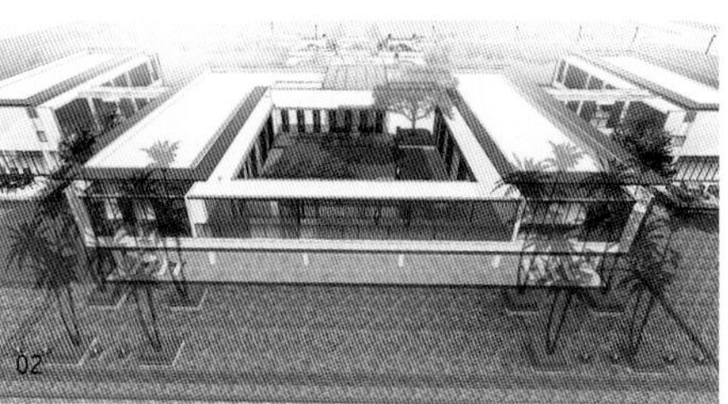

02

03

04

05

06

07

08

09

10

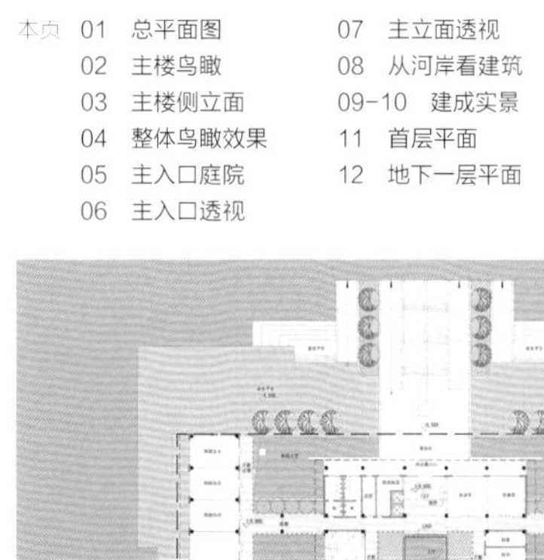

11

12

北京华盛顿国际学校项目

二等奖 • 公共建筑／一般项目
• 独立设计／非投标方案

项目地点 • 北京市朝阳区
方案完成／交付时间 • 2015.06.15

设计特点

项目位于北京市朝阳区，该校面向全国招生，致力于培养一流的国际化人才。设计本着节地原则，为解决地上容积率高与校园品质需求之间的矛盾，注重合理地利用地下空间；设置横贯校园的街院空间，串联各功能，提升了校园的运转效率，也立体化地展现了中国传统建筑空间。街院空间立体多层次，满足多方面的使用需求，带给人丰富的空间体验。压缩建筑体量后，地面绿化空间得到扩展。绿化结合街院设置，提供高品质的休憩空间；同时设置屋顶花园，更全面地体现了绿色校园理念。

设计评述

设计较全面地考虑了场地现状条件，明晰设计挑战，并提出了有创建性的解决方式。校园功能布置合理，街巷空间形成引导性，结合竖向交通体系，形成高效率的交通及功能联系。设计以人为本，街巷院落空间丰富多变，给人提供多样性的活动及休憩空间。空间的舒适营造进一步促进交往与交流，符合学校的国际化教学理念。项目体现了绿色建筑理念，多方位立体地进行了绿化布置。地面绿化、下沉庭院以及屋顶花园的设计，对整体建筑环境起到积极的促进作用。

主要设计人 • 王小工　王英童　张月华　言语家
甘　露

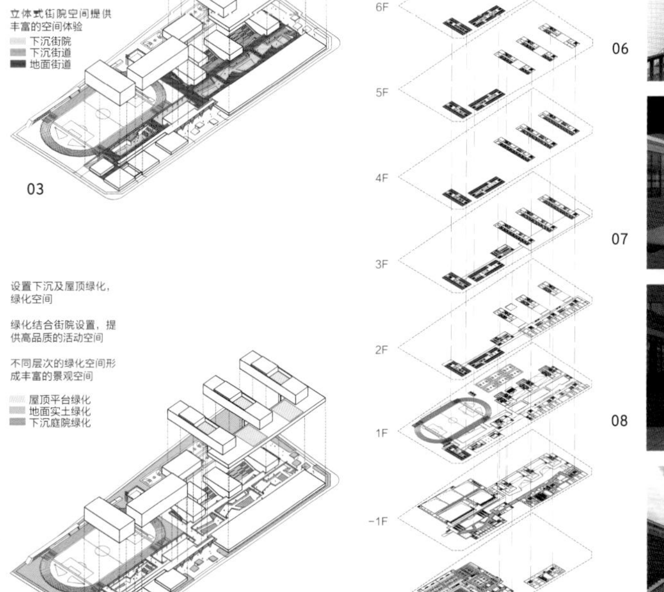

06

07

08

09

本页　01　总平面图
02　地下一层组和平面图
03　多层次街院空间分析
04　立体绿化分析
05　竖向分析
06-09　街院透视
10　鸟瞰效果
11 主展馆人视效果

10
11

昆明联想科技城四期（A13 地块）

二等奖 • 公共建筑 / 一般项目

• 独立设计 / 工程设计阶段方案

项目地点 • 云南省昆明市五华区泛亚科技新区

方案完成 / 交付时间 • 2015.03.15

设计特点

项目位于云南省昆明市五华区泛亚科技新区，是新区的启动性和标志性项目，为昆明科技城的四期，以办公、商业、会议及展览为主要功能，建成后将成为区域性地标建筑。建筑的总体风格为简洁的现代风格，基本造型为单纯的几何体量与片状墙体穿插而成。建筑材料以石材、玻璃和金属为主、涂料为辅；以精致的建筑细部加以有机组织，以诠释优雅洗练的现代建筑之美。主楼科技金融中心采用“L”形造型，实现了楼梯间和卫生间的自然采光，从而将单纯的功能性空间提升为怡人的体验性空间。

设计评述

规划布局合理，办公、会议及小型展览同处一区，使研发、研讨和推广等多种功能互相补充。办公建筑根据销售对象的不同，设计了租售单元与总部办公两种产品类型，平面布局合理。地下商业、餐饮设计了多方向入口，并有通道与地铁连通，对引入人流起到很好的作用。超高层双塔布局对整个园区起到引领作用。建筑造型简洁明快，在限额设计的前提下，材料虽有不同，但风格统一。

主要设计人 • 陈淑慧　倪　琛　黄思维　王兆雄　崔　强　马　丫

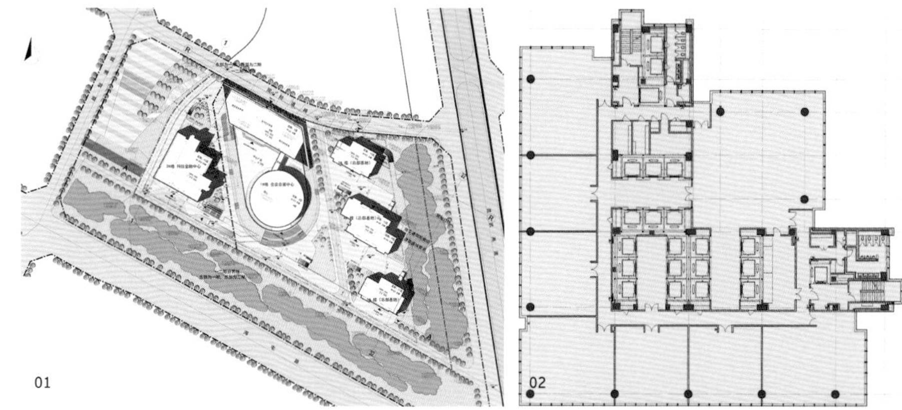

01　02

03

04

05

06

本页　01　总平面图　　02　标准层平面图　　03　海屯路方向鸟瞰效果　　04　科技金融中心外景效果　　05　会议会展中心外景效果　　06　总部基地外景效果　　07　会议会展中心剖视效果

07

泸州市现代医药研发科技大楼项目

二等奖 • 公共建筑／一般项目
• 独立设计／投标结果未公布

项目地点 • 四川省泸州市龙马潭区
方案完成／交付时间 • 2015.07.15

设计特点

项目主要功能为科研、教学、企业孵化及相关服务功能等，置身校园、紧临城市，是典型的具有对外功能的校园建筑。现状条件中，校园布局网格和城市布局网格有接近 45° 的转角，项目处于两者结合处，建筑空间布局应和谐校园、和谐城市。方案在校园布局网格中，采取大面域、小体量的布局方式呼应校园的脉络及校园的小尺度空间。在面临城市布局网格中，采取连续的、线性的、有一定变化的城市性界面以呼应城市空间。两者之间形成相互交错，高低错落的"山涧"空间。

设计评述

设计理念新颖，充分考虑了新建建筑和校园及周边城市的关系。大的功能分区准确合理，较好地解决了校内功能和校外功能的分隔和联系。建筑空间布局合理，空间方正好用，同时通过灵活的组合方式，使建筑空间灵动有趣。

主要设计人 • 刘 淼 王友礼 齐永利

01

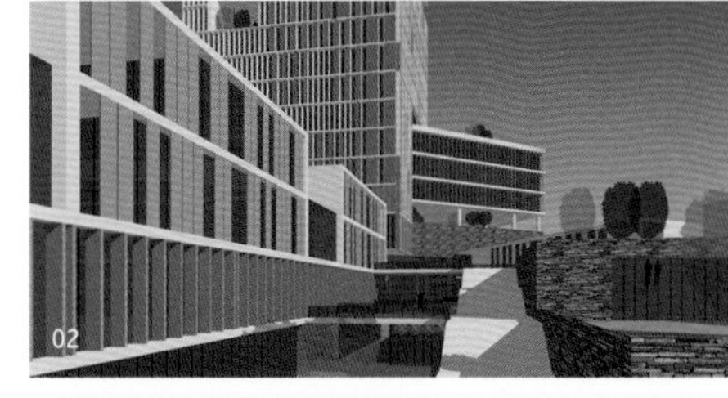
02

03

04

05

本页 01 总平面图
02-06 人视效果
07 剖面图

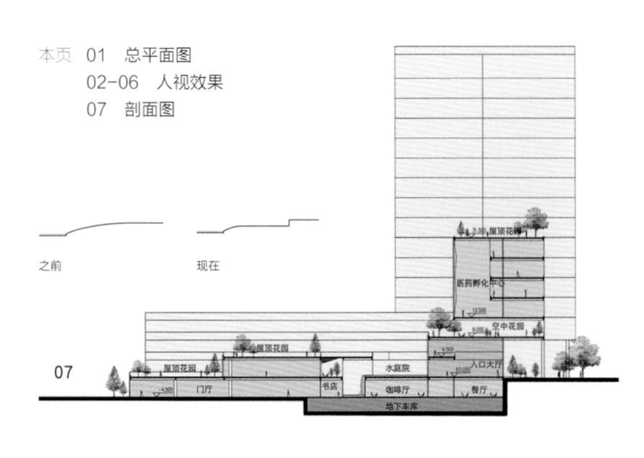

07

06

麦趣尔厂区接待展示中心

二等奖 • 公共建筑／一般项目
• 独立设计／非投标方案

项目地点 • 北京市顺义区空港开发区
方案完成／交付时间 • 2015.07.20

设计特点

接待展示中心是厂区总体规划的第二期工程，设计意向为现代“园林”，创造多层次的景观空间，将园林融入建筑中。设计注重系统性解决方案，创造特色空间：（1）围院——封闭的院墙，形成围院，将内外分隔，减少外界对内部的视线影响，使内部成为封闭的围合空间；（2）内院——沿南北轴线依次展开，院墙将空间划分为独立的院落区域，使得每个功能区拥有私属的庭院；（3）过厅——首层通过过厅，将五个庭院联系起来，是不同主题院的转换空间，既是通道空间亦是陈列空间；（4）连廊——将各个院落联系起来，成为休闲漫步及服务的廊道空间。其中内院以“仁、义、礼、智、信”为主题，设计了五大院落，由北往南分别为：“仁爱厚德”的接待院（仁院）、“忠孝义勇”的展示院（义院）、“诚实守信”的入口院（信院）、“礼尚往来”的四季厅（礼院）和“明心见性”的品鉴院（智院）。

设计评述

设计在充分尊重使用方意见的基础上，融合了个性化、民族化设计元素，将传统的院落式布局与现代的功能空间需求进行了较好的结合；在外观形象上也较好地使用现代材料语言，体现出中国传统的民族气质与审美取向。设计过程经历了长时间的设计探讨、功能磨合、技术研讨与细节推敲，最终成果功能布局合理、空间形态优雅、细节精致内敛，有望获得良好的实施效果。

主要设计人 • 王 戈　于宏涛　盛 辉　刘 蕾
李鹏天　王裕国　马 超

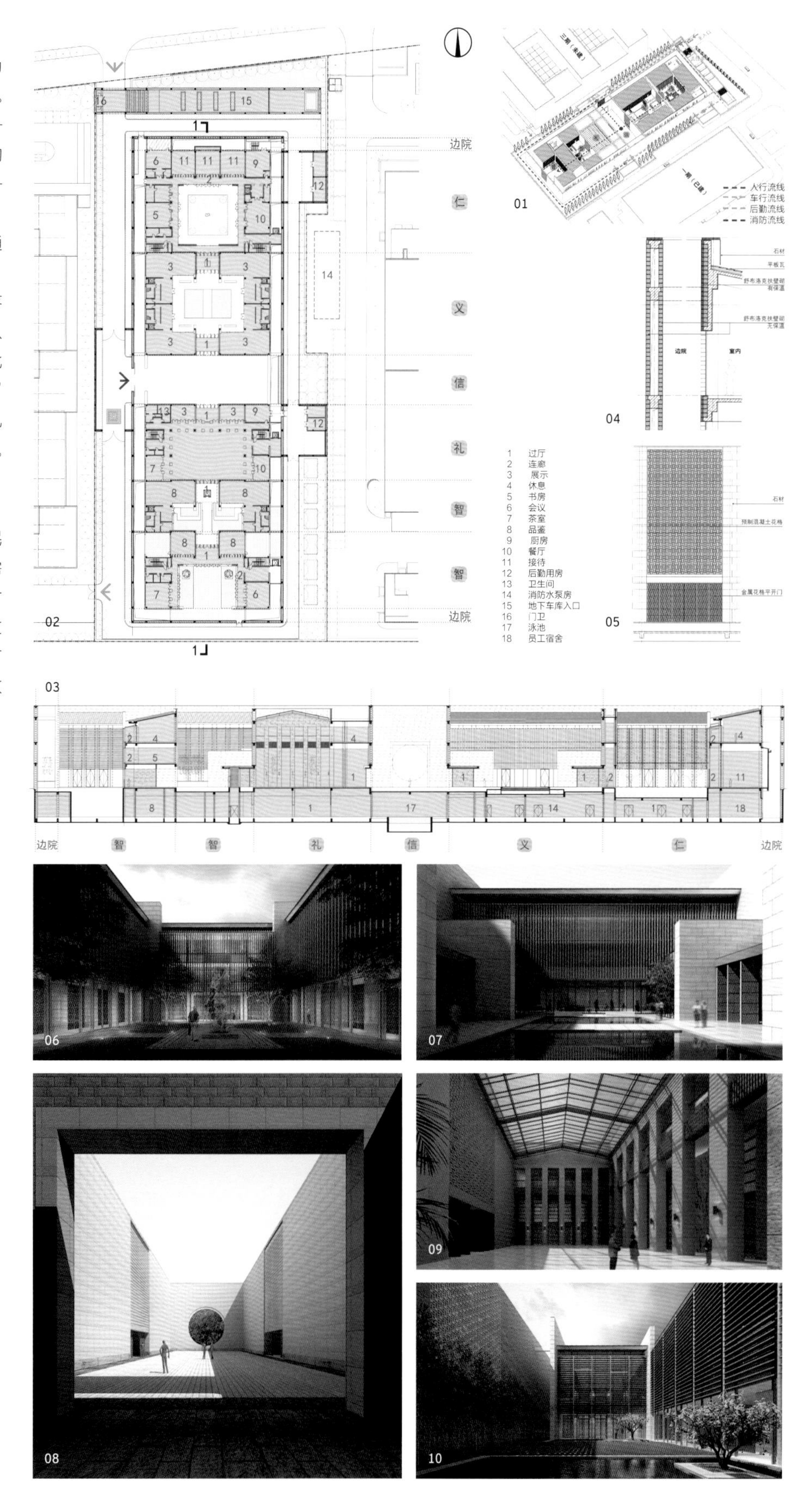

本页 01 空间流线分析
02 首层平面图
03 1-1 剖面
04 院墙身及外墙身大样
05 花格大样
06 院落——“仁”
07 院落——“义”
08 院落——“信”
09 院落——“礼”
10 院落——“智”

荣盛地产南孟温泉项目售楼处

二等奖 • 公共建筑／一般项目

• 独立设计／非投标方案

项目地点 • 廊坊市固安区

方案完成／交付时间 • 2015.11.01

设计特点

设计以“琴、棋、书、画”分区为视觉载体，以“温泉文化”诠释生活理念，作为区域住宅的首开区，兼具温泉会所与售楼处功能。入口主要空间作为展示用的售楼中心，依次串联“琴、棋、书、画”四大主题分馆，室内外空间虚实结合、变化多端。设计引入中国传统园林思想，利用对景、借景的手法，空间处理先抑后扬，使交通路线空间丰富、步移景异、曲径通幽。建筑外观采用稳重、低调的现代中式风格，使得整个体验区“表里如一”，外立面和内空间的格局都体现中国传统文化内涵。

设计评述

设计很好地贴切“传统文化”主题，并且将“温泉体验”立体地呈现给用户，通过空间变化开启“文化旅程”；巧妙地对中国传统园林空间进行重塑，使建筑与环境融为一体，将建筑处理成环境的一部分，体现了中国传统造园思想的精髓。建筑立面展现传统文化气息，用现代建筑语言诠释传统文化；立面材料运用恰当，整体效果低调大气。

主要设计人 • 刘志鹏　张　伟

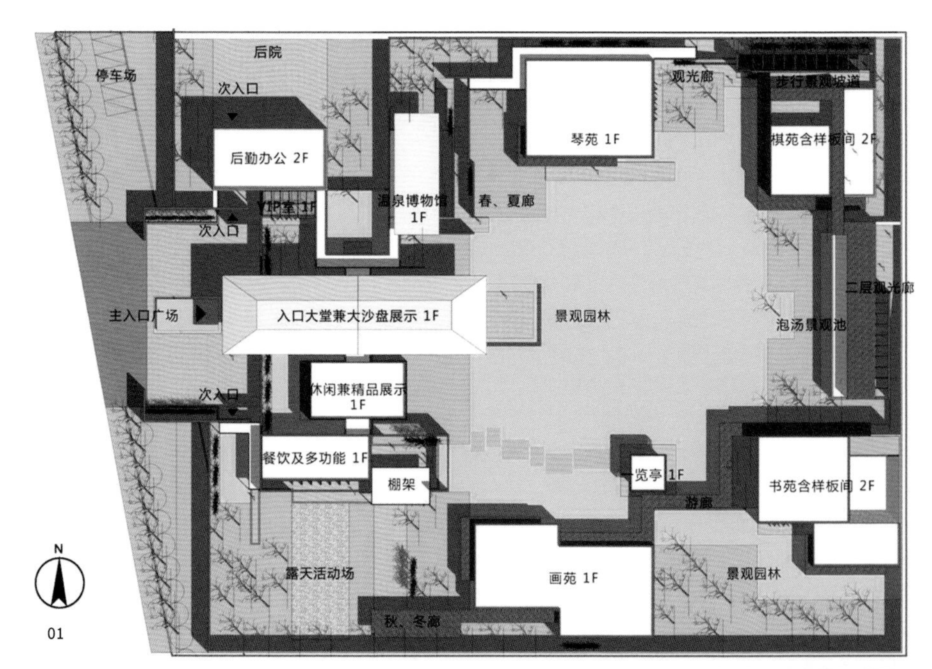

02

03

本页 01 总平面图

02-03 人视效果图

援刚果（布）新议会大厦

二等奖 • 公共建筑／一般项目

• 独立设计／中选投标方案

项目地点 • 刚果共和国首都布拉柴维尔市

方案完成／交付时间 • 2015.11.05

设计特点

项目为刚果（布）国民议会和参议院新的办公场所，内设500人半圆形国民议会厅、300人参议院议会厅、300人宴会厅兼多功能厅。建筑造型满足该建筑作为国家权力象征的形象需求，做到各单体形象庄严完整，整体关系统一和谐。建筑主体沿城市主要道路展开，形象完整、纯粹、气势恢宏；南侧尽量退让城市主路，形成城市缓冲空间。前广场纵深约45m，内外广场结合，营造庄重的礼仪氛围。两院平面布局结合功能区相互独立，与公共区域联系便捷。“两院”（参议院、众议院）议事厅及多功能宴会厅与“两院”日常办公部分可完全隔断，便于对外使用。

设计评述

作为议会大厦项目，提供用地偏小，故方案布局紧凑，内外广场结合塑造了礼仪空间，利用灰空间增大了建筑总体体量，体现了中国援助的力度。参议院、众议院、宴会厅的位置合理：议会厅有礼仪入口，面向城市的主干道；“两院”办公楼有各自独立的主立面形象及出入口；在各分区面积符合项目建议书的情况下，做到“两院”的外观体量基本匀称均衡。

方案评审人 • 刘　淼

主要设计人 • 侯　芳　唐思远　肖　筠　刘　洋

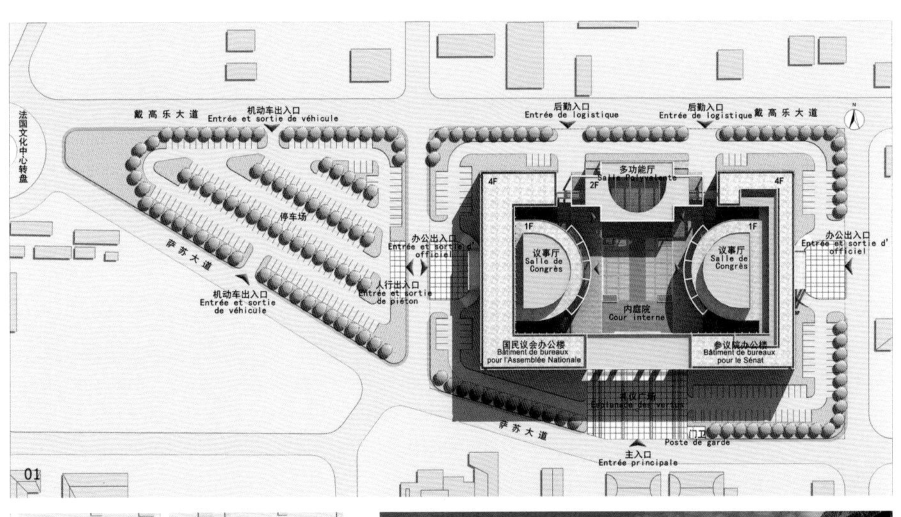

01

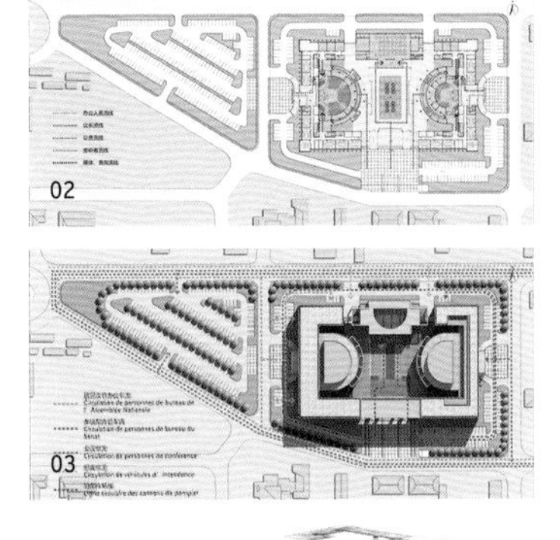

02

03

05

06

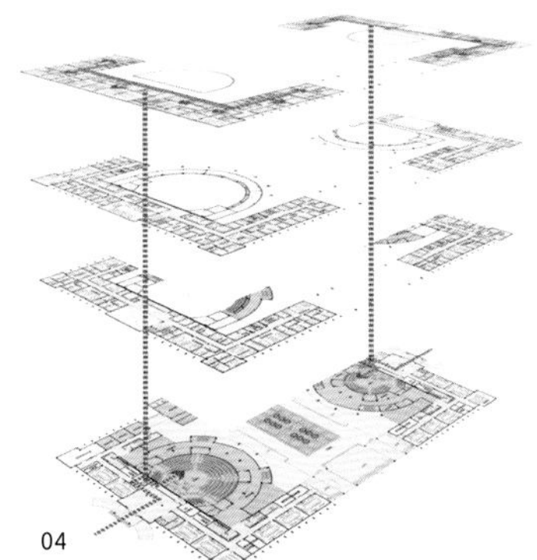

04

07

08

本页　01　总平面图　　05　主立面效果
　　　02　首层人流分析　06　夜景效果
　　　03　车流分析　　07　中庭效果
　　　04　议长流线分析　08　鸟瞰效果

中国石油科技创新基地（A15地块）总体规划及一期工程

二等奖 • 公共建筑／重要项目

• 独立设计／中选投标方案

项目地点 • 北京市昌平区

方案完成／交付时间 • 2015.08.31

设计特点

项目包括中石油北京油气调控中心、中石油档案馆、中石油展览中心以及预留二期用地四大部分，根据功能需求、形象展示等特点，将基地分为南北两部分。其中，北侧为二期预留用地，南侧为一期建设用地。档案馆与调控中心交错布局，为展览中心营造出一个向内环抱的空间，在围绕烘托中心庭院的同时，将南侧和西侧迎街空间留给展览中心。这样既保证有区域内聚度，又具有清晰的层次，突出展览中心的同时也使园区有完整统一的形象。

在建筑设计方面——油气调控中心、档案馆延续了中国石油企业经典建筑形象，竖向线条简洁、大方并且具有时尚感。展览中心的建筑形态通过多面块体的切割，以未来感的姿态营造出宏伟大气的建筑性格。在室内设计方面——油气调控中心、档案馆高层部分及展览中心均设置了空中共享庭园，结合走廊、连桥布置，为内部提供更有趣味的公共交往空间。共享庭院采用电动可开启窗扇，改善采光与自然通风条件，为楼宇内提供舒适的室内环境。

设计评述

规划设计较好地延续了总体规划中各地块均以中心庭院为核心的布局方式，在基地中部设置较大面积的室外庭院，同时结合了层次多样的生态绿植。贯穿绿色建筑的理念，园区大量采用了满足绿色建筑星级评审的设计方法、措施和材料。园区内采用智能化平台监控技术，集成能源系统和建筑环境相关参数的监控设备，保证建成后的运营品质。

方案指导人 • 马国馨

方案评审人 • 柯　蕾

主要设计人 • 尼　宁　张叶兰

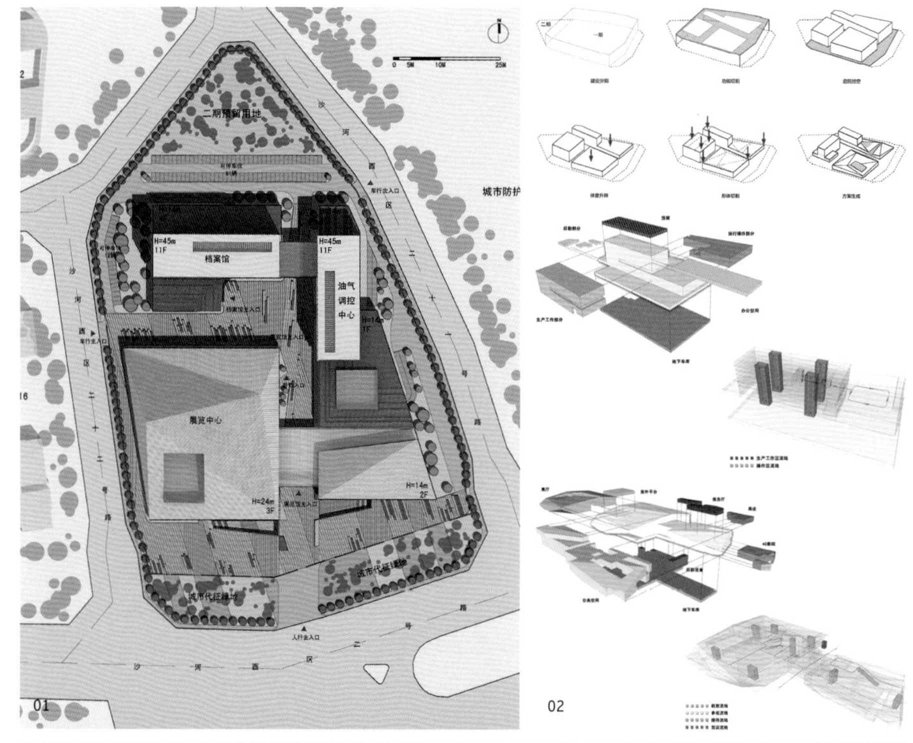

本页 01 总平面图　03 鸟瞰效果
02 分析图　04 人视效果

淄博泰和苑1号办公楼

二等奖 • 公共建筑／一般项目
• 独立设计／非投标方案

项目地点 • 山东省淄博市
方案完成／交付时间 • 2015.06.20

设计特点

项目旨在打造成为淄博市首栋获“绿色建筑三星级设计标识”认证的公共建筑，并在一层设置绿建技术展厅，向社会展示绿色建筑技术的实际应用效果。针对用地的不同利用方式，创作团队提出了两套方案。“方案一”最大化地利用首层空间，将展示、接待及餐饮等公共属性的功能结合，内外庭院设置在建筑底部并对外开放；办公单元采用模块化设计，设置在首层屋面形成的平台层上方，营造相对独立且安静的办公氛围。“方案二”将建筑集中布置在用地南侧，与北侧住宅之间形成较大的绿化用地；利用底部环境的微地形处理、立面结合垂直绿化的木制百叶系统、绿化边庭空间和屋顶合院式餐厅，营造自然生态的绿色办公氛围。

设计评述

方案设计逻辑清晰，总图布局合理，车行、人流组织有效，功能分区明确，对绿色节能和可持续发展等技术性研究较为完善。设计上，两组方案各有特点：“方案一”功能和设计逻辑均符合业主要求，利用模块化设计既体现了从设计到施工的整体绿建策略，又利用平台层的引入，在保证开放性的同时为办公功能提供独立景观环境。“方案二”生态办公概念表达充分，规划逻辑符合原规划设计意图，有利于下一步工作的开展。

方案指导人 • 宗澍坤
方案评审人 • 陈　威
主要设计人 • 王东亮　抗莉君　景珊珊　刘　琛

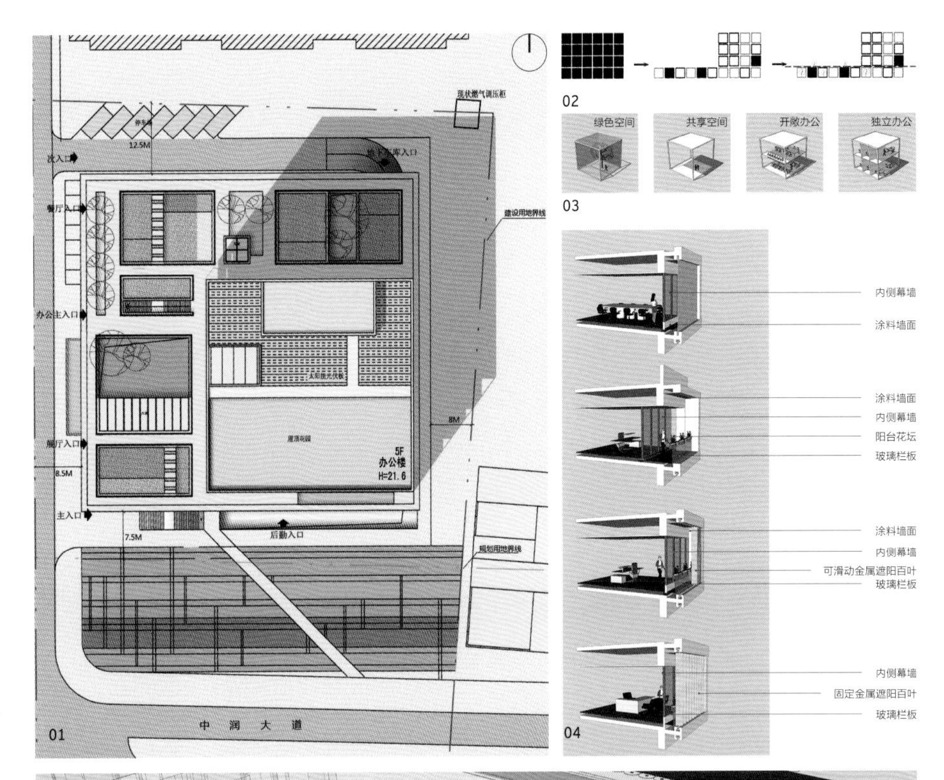

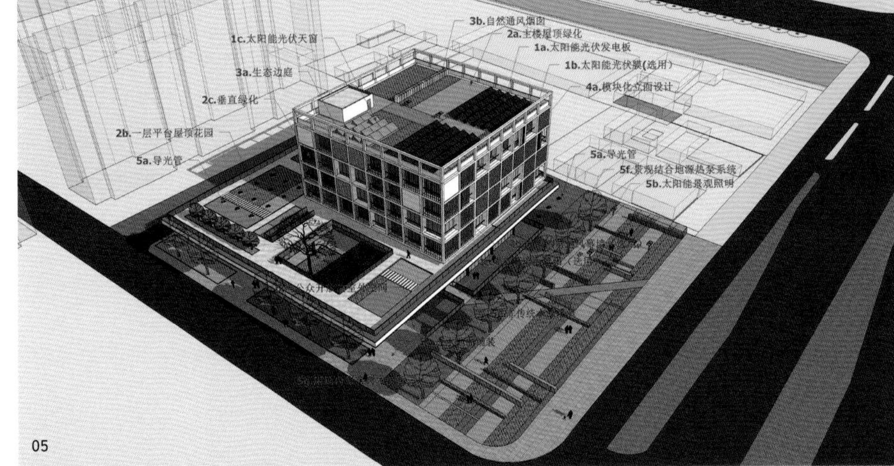

本页　01　总平面图　　04　外墙分析
　　　02　体块分析　　05　绿建措施示意
　　　03　功能分析　　06　沿街效果

其他获奖项目

01 蚌埠奥体中心区域概念规划　02 蚌埠市体育中心　03 包商银行商务大厦　04 北海市青少年宫建筑设计方案和可行性研究报告编制服务
05 北京儿童医院血液肿瘤中心　06 成都树德中学天府新区校区　07 大兴核心区 0101-013 地块（第二轮）　08 丰台区南苑乡南苑村 1404-621 地块 R2 二类居住用地项目
09 高速·畅和苑住宅　10 国家检察官学院香山校区体育中心　11 恒大海花岛会展中心　12 鸿雁苑宾馆改造工程精装修专项
13 华夏国际商务中心万豪酒店　14 吉安都市田园休闲观光区规划　15 京汉君庭花园景观专项　16 景山北海周边环境综合提升规划

17 昆明阳宗海国际旅游度假园概念性规划　18 老爷车博物馆　19 南通通州湾哈马碧小镇规划

20 平乐园公共租赁住房　21 青岛市红岛国际博览中心

22 上海联想研发中心扩建　23 深圳市天佶湾国际广场　24 四季谷创意产业园方案二　25 唐山 2016 世界园艺博览会国内园——绿园

26 唐山 2016 世界园艺博览会国内园——石园　27 天津新八大里超高层　28 天狮国际大学城图书馆　29 天狮国际大学理学院

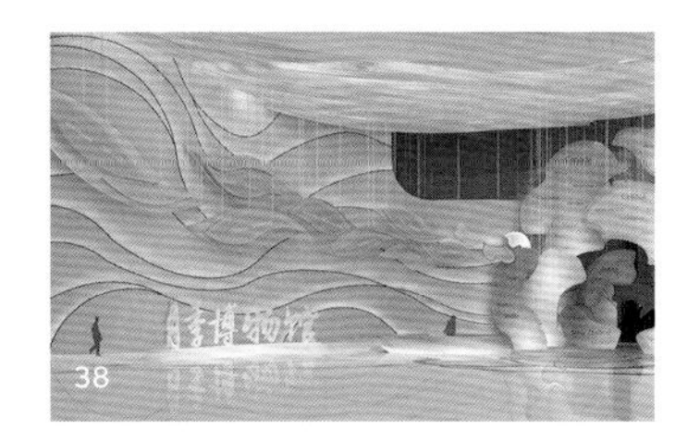

30 天堂河及周边地区综合规划 31 通州区运河核心区 IX-11 地块项目 32 潍坊市滨海医疗中心 33 文化研发设计创意中心方案
34 无锡市锡钢地区控制性详细规划 35 霄云国际中心 36 新北片区社区综合体 37 新南小区社区综合体
38 月季博物馆展陈专项 39 云西经济开发中心 C16-6-1 地块方案 40 郑州航空港经济综合实验区河东第四安置区邻里中心 41 郑州郑东新区龙湖金融中心展厅
42 郑州郑东新区商都路办事处便民服务中心 43 中国船舶工业系统工程研究院翠微科研办公区改造 44 中国民航科学技术研究院航空安全试验基地
45 中瑞商品展示中心与规划展览馆附属工程研发中心 46 中央财经大学教学楼教学服务楼 47 重庆 MYTOWN 一期

图书在版编目（CIP）数据

BIAD优秀方案设计2015 / 北京市建筑设计研究院有限公司主编. —北京：中国建筑工业出版社，2016.2
ISBN 978-7-112-18958-8

Ⅰ. ①B… Ⅱ. ①北… Ⅲ. ①建筑设计–作品集–中国–现代 Ⅳ. ①TU206

中国版本图书馆CIP数据核字（2016）第004906号

责任编辑：徐晓飞　张　明
责任校对：李欣慰　李美娜

BIAD优秀方案设计2015
北京市建筑设计研究院有限公司　主编
*
中国建筑工业出版社出版、发行（北京西郊百万庄）
各地新华书店、建筑书店经销
北京雅昌艺术印刷有限公司制版
北京雅昌艺术印刷有限公司印刷
*
开本：965×1270毫米　1/16　印张：5 1/8　字数：100千字
2016年9月第一版　2016年9月第一次印刷
定价：95.00元
ISBN 978-7-112-18958-8
（28211）